I0075703

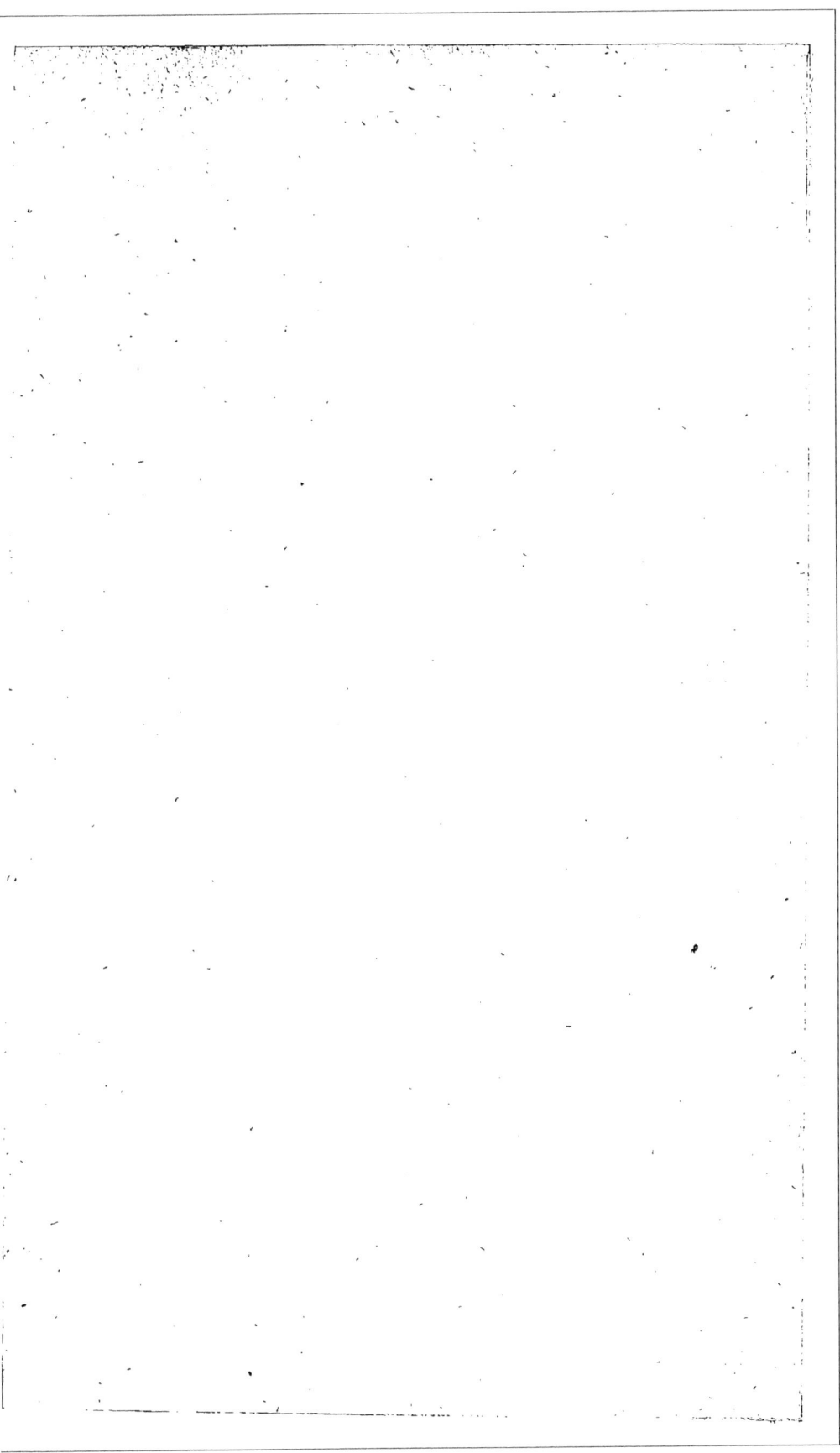

25130

RECHERCHES

SUR

LA COMPOSITION ÉLÉMENTAIRE

DE DIFFÉRENTS BOIS,

ET SUR LE RENDEMENT ANNUEL D'UN HECTARE DE FORÊTS;

Par M. Eugène Chevandier.

Troisième Mémoire, présenté à l'Académie des Sciences
le 22 février 1847.

SUIVI DE

QUELQUES CONSIDÉRATIONS GÉNÉRALES

sur la Culture forestière en France,

Lues à l'Académie des Sciences le 5 Avril 1847.

SAINT-GERMAIN,

IMPRIMERIE DE BEAU,

RUE AU PAIN, 61.

——

1847

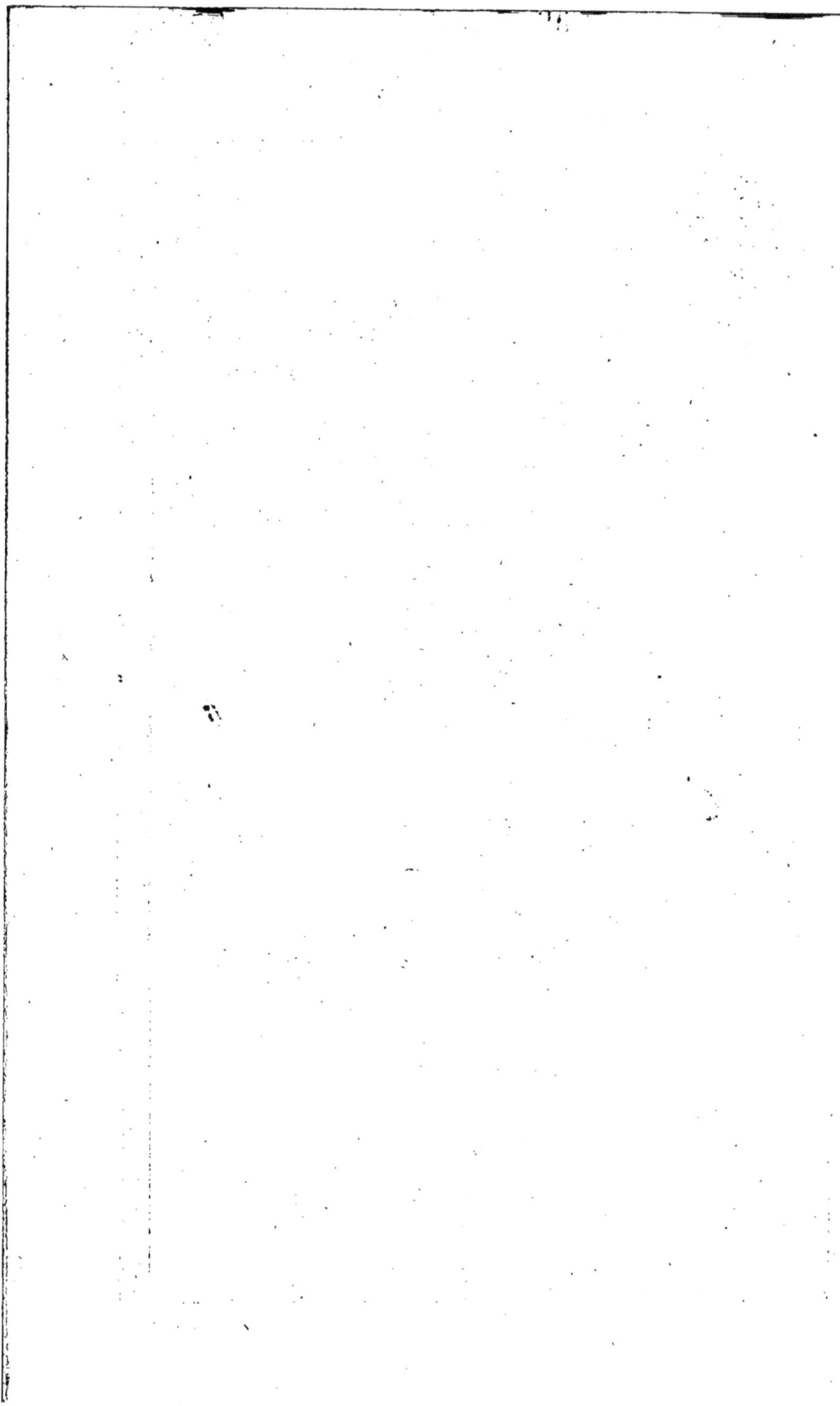

RECHERCHES

SUR LA COMPOSITION ÉLÉMENTAIRE DE DIFFÉRENTS BOIS, ET SUR LE RENDEMENT ANNUEL D'UN HECTARE DE FORÊTS [1],

PAR M. EUGÈNE CHEVANDIER.

(Troisième Mémoire, présenté à l'Académie des Sciences le 22 février 1847.)

(Extrait des *Annales forestières*, t. 6, 4e livraison).

Le but que je me suis proposé dans ces recherches était d'introduire, dans la détermination du produit des forêts, une méthode à la fois simple et précise, qui permît de comparer exactement, quant à leur production, différentes forêts, soit entre elles, soit avec les terrains exploités par l'agriculture.

Pour résoudre ce problème, il était indispensable de ramener tous les produits du sol forestier à une unité commune, le kilogramme de bois sec, qui se décompose lui-même en cendres, carbone, hydrogène, azote et oxigène; c'est ce que j'ai cherché à faire dans mes Mémoires précédents. J'ai trouvé ainsi, que, pour chaque espèce et pour chaque qualité de bois, le poids du stère est indépendant des circonstances d'âge et d'exposition, et qu'il peut être exprimé par un chiffre moyen résultant d'un grand nombre d'expériences, mais qui ne doit cependant être considéré comme exactement vrai que pour les localités dans lesquelles ces expériences ont été faites. J'ai trouvé en outre que, à très-peu d'exceptions près, la composition élémentaire des bois, écorce comprise et déduction faite des cendres, peut être considérée comme constante quel que soit leur âge, quels que soient le terrain et l'exposition dans lesquels ils ont végété, et que les menues branches dans lesquelles la proportion relative d'écorce est plus considérable, contiennent plus de carbone que les bois de feu ordinaires. Les tableaux joints à mes Mémoires précédents donnent tous les chiffres nécessaires pour réduire, soit en bois sec, soit en carbone, hydrogène, azote, oxigène et cendres, un stère ou un fagot [2] de chacune des espèces de bois qui croissent dans les forêts que j'ai étudiées et qui sont situées sur le revers occidental des Vosges.

Toutefois, ainsi que j'ai déjà eu occasion de le faire remarquer, les quantités variables de cendres, correspondant aux divers échantillons

---

[1] J'ai été obligé de supprimer, pour l'impression de ce Mémoire dans les *Annales forestières*, la plus grande partie des tableaux qui l'accompagnaient et de ne conserver que ceux qui présentent les chiffres moyens résultant de mes expériences.

[2] Fagot de 0m,645 de circonférence et 0m,900 de longueur.

1

analysés, font voir que cet élément de la composition des bois est soumis à des influences individuelles, dépendant sans doute de la nature du sol et de celle des eaux qui abreuvent les racines. Il m'a donc paru nécessaire avant d'appliquer les chiffres, trouvés dans mes Mémoires précédents, à des calculs statistiques un peu étendus, de faire de nouvelles incinérations sur un nombre plus considérable d'échantillons, afin d'arriver à des moyennes se rapprochant le plus possible de la vérité. C'est à cette recherche qu'est consacrée la première partie de ce travail.

La seconde partie aura pour objet l'influence de la nature du terrain et du mode d'exploitation sur la production des forêts.

Pour compléter l'étude des bois au point de vue chimique, il y aurait à rechercher, indépendamment de la proportion des cendres, la nature des sels qui les forment, et les rapports qui existent entre ces corps, la composition chimique du sol dans lequel les bois ont poussé et celle des eaux qui ont favorisé leur végétation ; mais je ne pourrai me livrer à cette étude, toute spéciale, qu'après avoir terminé mes autres recherches sur les bois

PREMIÈRE PARTIE.

Quantités moyennes de cendres contenues dans les bois.

Les incinérations jointes aux analyses des bois et fagots dans mes premiers Mémoires, sont au nombre de 162
depuis j'en ai ajouté 362

Ces dernières ont été faites, en même temps que les expériences sur la dessication naturelle des bois, au moyen d'échantillons coupés dans toutes les circonstances de sol et d'exposition que j'ai décrites précédemment.

Le nombre total d'incinérations a donc été de 524, savoir :

Hêtre.. 93	
Chêne. 93	
Charme.. 73	
Bouleau.. 89	
Tremble.. 59	Ensemble, 524.
Aulne. 26	
Saule.. 17	
Sapin. 46	
Pin. 28	

Les chiffres résultant de ces analyses sont compris dans les tableaux 1 à 7[1], et séparés, pour chaque espèce de bois, suivant la nature du terrain et suivant la qualité du bois, c'est-à-dire, suivant qu'ils se rapportent à des échantillons provenant de jeunes brins et, pour les arbres plus âgés, de la tige ou des branches. Les incinérations supplémentai-

---

[1] Les tableaux 1 à 5 ont été supprimés pour l'impression dans les *Annales forestières*.

res, ou les dernières faites, sont placées à part et disposées dans le même ordre dans lequel ont été présentées les expériences sur la dessication, ce qui permet de retrouver au besoin la provenance de chaque échantillon. En outre, comme ces incinérations se sont répétées deux fois, pour chaque morceau, sur des sciures prises à environ 15 centimètres de distance, afin de constater les quantités d'eau contenues à différentes époques, les derniers chiffres de chaque série correspondent aux premiers.

Ainsi, pour le bois de quartier de hêtre dans le grès vosgien, les chiffres

0,97 correspondent aux chiffres	1,28
0,64	0,70
0,85	0,80
0,74	0,75
1,38	1,11

c'est-à-dire qu'ils proviennent d'analyses faites sur les mêmes morceaux de bois.

En parcourant ces tableaux, on voit que pour une même qualité de bois et dans le même terrain, les chiffres, quoiqu'en général assez concordants, varient cependant quelquefois dans le rapport du simple au double; ils arrivent rarement à être comme 1 est à 3, et dans deux cas seulement, pour le bois de quartier de tremble dans le grès bigarré et le rondinage de brins de hêtre dans le grès vosgien, comme 1 est à 4.

Ce dernier exemple (hêtre) offre cette particularité que les deux analyses ainsi en désaccord ont été faites sur le même échantillon.

La première a donné.. 2,64 ⎫
Et la seconde. . . . 0,69 ⎭ de cendres pour 100 de matière employée.

Cette différence dans les quantités de cendres contenues dans des sciures prises transversalement dans le même morceau à 15 ou 20 centimètres de distance, s'est présentée encore pour 10 autres échantillons, mais seulement dans la proportion du simple au double. Je ne pense pas qu'elle doive être attribuée à un défaut d'exactitude dans les opérations, car toutes ont été faites avec le plus grand soin, en se servant des mêmes instruments et en recommençant celles qui donnaient des résultats anormaux, de manière à bien se convaincre qu'ils n'étaient point dus à une erreur.

Peut-être ces différences, ainsi que celles qui se rencontrent entre plusieurs échantillons d'un même bois, proviennent-elles d'une répartition inégale des cendres dans la matière ligneuse, ou de quelques circonstances particulières à l'écorce; quoi qu'il en soit, elles m'ont paru de nature à être signalées. J'ai cru devoir comprendre ces chiffres exceptionnels dans les moyennes que j'ai établies pour chaque espèce et chaque qualité de bois, et en général ils ne les ont pas sensiblement modifiées.

Ces moyennes sont réunies dans les tableaux 5, 6 et 7.

Dans le 1er elles sont groupées suivant la nature géologique du sol, qui ne paraît pas avoir une influence bien marquée sur la quantité de cendres, au moins pour les bois durs.

Dans le tableau A (n° 6), les moyennes trouvées pour les différents terrains sont réunies pour chaque espèce et chaque qualité de bois; en regard on a porté pour chaque espèce une moyenne générale [1], dans laquelle les bois de quartier entrent pour moitié, les brins et les branches chacun pour un quart.

On est arrivé ainsi aux chiffres suivants :

Espèce de bois.	Quantité de cendres %.
Saule..	2,00
Tremble.	1,73
Chêne.	1,65
Charme..	1,62
Aune..	1,38
Hêtre..	1,06
Pin.	1,04
Sapin.	1,02
Bouleau.	0,85

Enfin dans le tableau B (n° 7), les chiffres, afférents à chaque espèce de bois, sont rangés suivant la qualité, et conduisent aux moyennes suivantes pour toutes les espèces confondues :

Qualité du bois.	Quantité de cendres %.
Rondinage de brins.	1,23
Bois de quartier.	1,34
Rondinage de branches.	1,54
Fagots faits avec de menues branches.	2,27

On voit qu'en général les jeunes brins contiennent le moins de cendres, et que, dans les arbres plus âgés, c'est le tronc qui en contient le moins et les brindilles ou menues branches le plus.

Cette règle n'est toutefois pas sans exceptions, et, sans m'arrêter à celles qui peuvent avoir lieu pour quelques cas anormaux, je me bornerai à relever celles qui se présentent pour les chiffres moyens relatifs à chaque espèce de bois. Ainsi, les jeunes brins de hêtre, de saule et de sapin, ont donné un peu plus de cendres que les troncs de ces mêmes arbres plus âgés, les branches de chêne à peu près la même quantité que les fagots, et le bois de quartier de pin plus que les branches.

---

[1] Cette proportion est à peu près celle qui a lieu dans une exploitation ordinaire de taillis sous-futaie.

DEUXIÈME PARTIE.

Rendement moyen annuel d'un hectare de forêts.

Pour pouvoir calculer et ramener à ses éléments les plus simples le rendement moyen annuel, la production annuelle d'une forêt, il faut d'abord connaître la quantité et la nature des produits exportables qui existent sur le sol au bout d'un certain nombre d'années de végétation, ou, en style forestier, d'une révolution donnée.

Ces produits sont en général :

Des bois d'œuvre, ou bois de service, évalués en mètres cubes ;

Des bois de feu d'espèces et de qualités différentes ;

Des fagots de chauffage et quelquefois des fagots d'écorces de chêne destinés aux tanneurs.

Des expériences directes et faciles à faire dans chaque localité donnent des facteurs ou coefficients, au moyen desquels on peut ramener très-exactement les bois de service et les fagots d'écorces à des quantités équivalentes de bois de feu. On peut donc toujours exprimer les produits d'une forêt en bois de feu et en fagots [1] qu'il faudra ensuite convertir en bois sec, représenté lui-même par des cendres, du carbone, de l'hydrogène, de l'azote et de l'oxygène. Mais pour faire ce calcul, il est nécessaire de commencer par distinguer l'espèce et la qualité des bois, car ces circonstances modifient le poids en bois sec et la quantité de cendres contenues [2]. Le poids du bois sec et celui des cendres étant déterminés pour chaque espèce de bois, on calcule, au moyen de sa composition connue, les quantités correspondantes de carbone, hydrogène, azote et oxygène, et, réunissant enfin les nombres ainsi trouvés pour chaque essence, on obtient un chiffre total de bois sec, et des chiffres correspondants de cendres, carbone, hydrogène, azote et oxygène qui représentent les produits exportables existant sur le sol au bout de la révolution, et qu'il suffit ensuite de diviser par le nombre d'années comprises dans celles-ci, pour avoir le rendement moyen annuel.

C'est cette méthode que j'ai suivie pour tous les calculs compris dans cette seconde partie de mon travail, qui peut se diviser elle-même en trois paragraphes distincts, comprenant :

Le 1er, les chiffres trouvés pour le rendement des taillis sous-futaies ;

Le 2e, les chiffres relatifs au rendement des futaies ;

Le 3e, la discussion des produits comparés des futaies et des taillis.

---

[1] On pourrait de même convertir tous ces produits en mètres cubes.

[2] Tous les chiffres nécessaires à ces calculs sont donnés, pour le poids et la composition chimique, dans les tableaux de mes précédents Mémoires, et pour la quantité de cendres, dans les sept premiers tableaux de celui-ci.

Rendement des taillis sous-futaies.

Les forêts sur lesquelles ont porté mes recherches et dont j'ai pu déterminer le rendement, comprennent 16,400 hectares, situés, à partir du Donon, sur le revers occidental des Vosges et dans les plaines qui s'étendent à leur pied. Les terrains couverts par ces forêts sont : le terrain de transition, le grès vosgien, le grès bigarré, le muschelkalk et les marnes irrisées.

J'ai trouvé tous les documents dont je me suis servi pour constater la quantité et la nature des produits exportés :

1° Dans les livres de caisse et d'exploitation forestière des verreries de Saint-Quirin et Cirey ;

2° Dans les livres d'exploitation de deux propriétaires et marchands de bois, MM. Jeannequin et Fleurent qui ont bien voulu me les communiquer ;

3° Dans les renseignements authentiques que j'ai reçus de l'obligeance de M. le baron de Klinglin, de M. Benoist, ancien administrateur des forêts de madame la princesse de Poix, et de M. Schrœder, ancien directeur des forges de Framont.

Les facteurs dont je me suis servi pour la conversion des bois de service en bois de feu, ont été déterminés par des expériences [1] spéciales dont on trouve le détail au tableau C (n° 8). Il en résulte, en moyenne, que le volume réel d'un stère de bois de feu est égal à 0,69 du volume apparent, et que le volume apparent d'un mètre cube de bois de service, refendu en bois de feu, devient 1,45.

Pour les fagots d'écorce de chêne, j'ai trouvé de même par des expériences directes que, dans une exploitation ordinaire de taillis sous-futaies, 48 fagots, de 1 m. 19 de circonférence et 1 m. 19 de longueur, correspondent à un stère de bois de feu ; c'est-à-dire que, lorsqu'on fait de ces fagots dans un taillis, le produit en bois de chêne se trouve par là diminué d'autant de stères qu'on aura obtenu de fois 48 fagots. On peut donc calculer facilement, au moyen de ce chiffre, la quantité de bois qui aurait été obtenue si l'écorçage n'avait pas eu lieu.

Cette partie, essentiellement statistique de mon travail, se compose de deux séries de documents : les premiers, relatifs à 306 parcelles distinctes de forêts, d'une étendue moyenne de 14 h, 5 chacune, et pour lesquelles il a été facile de déterminer exactement toutes les circonstances locales qui ont pu influer sur le produit ; les seconds, comprenant trois grandes masses de forêts, savoir : les forêts domaniales de Saint-

---

[1] Dans ces expériences, chaque billot de la longueur d'un mètre a été cubé séparément avant d'être refendu ; il en a été de même des bûches non employées et dont le volume réel a été déduit de celui des billots auxquels elles appartenaient.

Quirin, de la contenance de 5,292 hectares; une partie des forêts de M. le baron de Klinglin, de la contenance de 820 hectares, et les forêts de Mme la princesse de Poix, de la contenance de 7,624 hectares.

Les parcelles ou coupes, formant la première série, ont été classées suivant les terrains auxquels elles appartiennent, et qui sont : le grès vosgien, le grès bigarré, le muschelkalk et les marnes irrisées; les chiffres qui les concernent sont portés aux tableaux 9 à 18 (supprimés pour l'impression dans les *Annales forestières*). Ces tableaux donnent : l'époque de l'exploitation de la coupe, son âge, le nom de la forêt, celui du propriétaire et de l'exploitant, la contenance, le détail des produits en bois de feu de différentes espèces et différentes qualités et en fagots, le calcul du rendement annuel en stères et en fagots, enfin les circonstances relatives au sol, à sa fertilité, à son exposition et à la manière dont l'exploitation a été dirigée. D'autres tableaux, 9 *bis* à 18 *bis*, (supprimés de même), correspondant aux premiers, donnent en bois sec, carbone, hydrogène, azote, oxigène et cendres, la production totale de la coupe au bout de la période, cette même production calculée pour un hectare, et enfin le rendement annuel par hectare.

En moyenne (voir le tableau D, n° 21) :

62 coupes, dans le grès vosgien, d'une contenance totale de 1,475 hectares, ont produit par hectare et par année . . . . 1,137 ^{k.} de bois sec.

98 coupes, dans le grès bigarré, d'une contenance totale de 1,012 hectares ont produit de même. . 2,495   »

55 coupes, dans le muschelkalk, d'une contenance totale de 495 hectares, ont produit. . . 2,319   »

91 coupes, dans les marnes irrisées, d'une contenance totale de 1,462 hectares, ont produit. . 2,590   »

Les forêts domaniales de Saint-Quirin sont situées dans le grès vosgien et le grès bigarré; elles partent du Donon et couvrent d'abord des montagnes plus ou moins escarpées, puis des coteaux, et enfin un plateau qui s'étend dans le grès bigarré. Elles se composent de bois feuillus et de sapinières ; les premiers, exploités en taillis sous-futaies à une révolution de 40 ans; les autres, traitées par la méthode du jardinage. Ces forêts ayant été affectées à la verrerie de Saint-Quirin, j'ai pu relever exactement tous les produits qui en ont été enlevés pendant une période de 30 ans, de 1810 à 1839. Ces produits sont portés au tableau 19 (supprimé pour l'impression dans les *Annales forestières*). Je dois toutefois faire observer que, comme il n'avait pas été tenu compte de la proportion des essences au moment des exploitations des bois feuillus, j'ai établi approximativement cette proportion pour chaque exploitation annuelle, en basant mes calculs sur l'état actuel du recrû et sur les renseignements fournis par les agents qui avaient dirigé l'opération.

La partie des forêts de M. le baron de Klinglin, qui était affectée à la verrerie de Plaine-de-Walscheid, est située à peu de distance des forêts de Saint-Quirin, et, comme celles-ci, dans le grès vosgien et le grès bigarré. Elle couvre des coteaux de pentes et d'expositions variées, et se compose de bois à feuilles caduques qui étaient exploités en taillis sous-futaies à une révolution de 35 ans. M. de Klinglin a eu l'obligeance de me donner le relevé de tous les produits pendant une période de 80 ans, de 1752 à 1831. Ces produits sont compris dans le tableau 19.

Les forêts de madame la princesse de Poix (vendues aujourd'hui à divers acquéreurs) touchent aux forêts de Saint-Quirin sur la plus grande partie de leur longueur, ou n'en sont séparées que par une vallée très-étroite. Partant, comme celles-ci, des contre-forts du Donon, elles couvrent des montagnes, des coteaux et enfin des plateaux, situés dans les terrains de transition, le grès vosgien, le grès bigarré et le muschelkalk. Ces forêts se composent de sapinières et de bois feuillus ; ces derniers étaient partagés en trois grandes divisions, dont la première était affectée aux forges de Framont, la seconde à la verrerie de Cirey, et la troisième, ainsi que les sapinières, exploitée directement par les agents de madame la princesse de Poix. Le directeur des forges de Framont a bien voulu me communiquer l'état des produits de la partie affectée à ces forges pendant une période de 23 ans, de 1811 à 1833, l'aménagement étant en taillis sous-futaies exploités à 30, à 25, et même, pour les plus mauvaises parties, à 12 ans. J'ai relevé moi-même les produits de la partie affectée à Cirey, pendant une période de 23 ans, de 1816 à 1838, dans les livres de cet établissement ; cette partie avait été de même exploitée en taillis sous-futaies, à des âges variant de 17 à 28 ans. Enfin, j'ai reçu de l'ancien administrateur de madame la princesse de Poix, le décompte des produits des autres parties comprenant une période de 15 ans, de 1816 à 1830, pour les bois feuillus exploités en taillis sous-futaies à une révolution de 25 ans, et une période de 20 ans, de 1816 à 1835, pour les sapinières traitées par la méthode du jardinage. — Tous ces chiffres sont réunis dans le tableau 20 (supprimé pour l'impression dans les *Annales forestières*) avec les calculs nécessaires pour en déduire la production moyenne annuelle de la forêt toute entière.

En résumé (voir le tableau D, n° 21) :

Les forêts de Saint-Quirin, contenant 5,292 hectares, situées dans le grès vosgien et le grès bigarré, ont produit, par hectare et par année. .   2,294 ᵏ· de bois sec.

Les forêts de monsieur le baron de Klinglin, contenant 820 hectares, situées dans le grès vosgien et le grès bigarré, ont produit de même. .   2,309   »

Les forêts de madame la princesse de Poix, con-

tenant 7,624 hectares, situées dans les terrains
de transition, le grès vosgien, le grès bigarré et
le muschelkalk, ont produit, de même. . . . 1,894 ᵏ· de bois sec.

On voit que ces résultats, donnés par trois masses de forêts, formant
ensemble 13,736 hectares, très-voisines et en grande partie contiguës,
sont parfaitement en rapport avec ceux cités plus haut et déduits des observations de détail.

Rendement des futaies.

J'ai déjà eu l'honneur de présenter à l'Académie la traduction d'un
ouvrage sur la production des futaies du pays de Baden, publié par l'administration forestière supérieure de Carlsruhe. Cet ouvrage se compose d'un grand nombre d'exemples, pris dans toutes les forêts d'essences non mélangées, et classés d'après la qualité plus ou moins bonne
du sol et d'après l'âge des futaies. Pour chaque expérience, après la
désignation exacte du lieu, se trouvent indiquées, la hauteur au-dessus
du niveau de la mer, la nature géologique du terrain et celle du sol sous
le point de vue physique, son exposition, l'état du bois, son âge, le
nombre de pieds d'arbres par hectare, et leur hauteur moyenne ; enfin, le
produit en mètres cubes de bois par hectare, et l'accroissement moyen
annuel qui en résulte. Il est fâcheux que nous ne possédions rien de
pareil en France, et que nous soyons ainsi forcés de recourir à l'expérience de nos voisins.

Depuis la publication de cette traduction, je l'ai complétée en y ajoutant, pour chaque observation, l'équivalent en bois sec, carbone, hydrogène, azote, oxigène et cendres de la quantité totale de bois existant par
hectare et de la quantité représentant l'accroissement moyen annuel. Je
me suis servi pour ces calculs des facteurs de réduction donnés par les
forestiers badois dans leur travail, et des chiffres que j'ai trouvés moi-
même pour le poids du stère et la composition chimique de chaque espèce de bois. Je joins à ce Mémoire un exemplaire ainsi complété.

Il en résulte que (voir le tableau D, nᵒ 21) :

23 observations faites sur les futaies de chêne,
ont donné pour l'accroissement moyen annuel
par hectare. . . . . 2,901 ᵏ· de bois sec.

32 observations sur les futaies de hêtre dans les
montagnes de hauteur moyenne, ont donné . . 2,994   »

27 observations sur les futaies de hêtre dans les
hautes montagnes, ont donné 2,575   »

15 observations sur les futaies de charme, ont
donné 2,226   »

42 observations sur les futaies de sapin, ont
donné 3,394   »

86 observations sur les futaies de pin, ont
donné. . . . . 2,799 k. de bois sec.

Il est à remarquer que dans ces calculs il n'a pas été tenu compte des
produits intermédiaires résultant des coupes d'éclaircies successives,
produits qui, d'après les renseignements que je dois à l'obligeance de
M. Baier, directeur général des forêts du pays de Baden, et de MM. le
baron d'Uxküll et A. de Kleiser, conseillers à la direction des forêts, peuvent être évalués :

$$\left.\begin{array}{l}\text{Pour le sapin de 14 à 16 \%}\\\text{Pour le pin de 16 à 18 \%}\\\text{Pour l'épicéa de 15 à 17 \%}\\\text{Pour le hêtre de 12 à 14 \%}\\\text{Pour le chêne de 10 à 12 \%}\\\text{Soit en moyenne environ 15 \%}\end{array}\right\} \text{du volume existant sur le sol.}$$

Bien que ces chiffres soient inférieurs à ceux admis généralement par
les forestiers français, ils me paraissent devoir être adoptés sans discussion pour le calcul du rendement annuel véritable des futaies du pays
de Baden.

Mais ces documents, quelque importants qu'ils soient par eux-mêmes,
perdraient une grande partie de leur intérêt, s'ils ne pouvaient être
comparés à ceux recueillis pour les taillis sous-futaies des Vosges. Et ici,
bien que les montagnes de la Forêt-Noire et celles des Vosges, séparées
seulement par la plaine du Rhin, offrent les plus grandes analogies de
sol et de climat, je n'ai pas cru pouvoir, *à priori*, considérer les forêts
qui les couvrent comme placées dans les mêmes conditions. J'ai cherché dans celles des Vosges quelques parties régulières, traitées en futaies, et en ai déterminé l'accroissement annuel de la même manière
qu'il l'avait été dans le pays de Baden. J'ai confié la partie de ce travail,
relative aux mensurations et aux comptages, à M. Dumont, arpenteur
forestier très-habile, et qui apporte la plus grande précision dans toutes
les opérations dont il est chargé. Les observations ainsi faites sont réunies dans les tableaux 22 à 27 (supprimés pour l'impression dans les
Annales forestières). Enfin, j'ai comparé entre eux les chiffres donnés
par les futaies de Baden et par celles des Vosges, soit en en prenant
les moyennes pour chaque espèce de bois, soit en prenant les chiffres
les plus faibles et ceux les plus élevés. En parcourant le tableau E (n° 28)
qui contient ce résumé, on verra que les futaies des deux pays sont parfaitement comparables. Il en résulte que les chiffres trouvés dans le pays
de Baden pour les futaies, sont également applicables aux Vosges; ils
peuvent donc être mis en parallèle avec ceux trouvés dans les Vosges
pour les taillis, et servir ainsi à la discussion comparative du rendement
des futaies et de celui des taillis, au point de vue du produit brut.

Discussion des produits comparés des futaies et des taillis.

Jusqu'à présent nous ne nous sommes occupés dans ce Mémoire que des chiffres moyens résultant des nombreux documents qui y sont réunis et classés, pour les futaies, suivant l'essence dont elles sont composées, pour les taillis sous-futaies, suivant la nature géologique du terrain.

Cependant, pour le forestier comme pour l'agronome, le sol présente des degrés de fertilité différents, même dans des terrains appartenant à la même formation. Aussi, les forestiers badois ont-ils eu soin de séparer leurs observations sur les futaies en cinq classes distinctes pour chaque essence, et correspondant aux degrés de fertilité, *très-bon, bon, passable, médiocre* et *mauvais*. Je dois à ceux de ces Messieurs que j'ai cités plus haut, la définition suivante de la règle suivie dans cette classification : « Le degré de fertilité est déterminé par la composition du » sol relativement à l'essence, par la profondeur du sol, le degré d'humidité, la quantité d'humus et l'exposition. » On comprend, en effet, que certaines essences préfèrent certaines natures de sol et que les autres circonstances indiquées aient une influence marquée sur la végétation.

J'ai suivi la même règle pour le classement des taillis sous-futaies des Vosges. Toutefois, comme ces taillis sont composés d'essences mêlées, j'ai eu peu à me préoccuper de la première des conditions indiquées, les essences dominantes dans chaque localité étant, en général, celles qui qui y croissent le plus facilement. Cette classification est établie dans les tableaux 29 à 34 (supprimés pour l'impression dans les *Annales forestières*), et on trouvera dans les tableaux 9 à 18 tous les renseignements au moyen desquels elle a été opérée.

Il en résulte qu'en moyenne les taillis produisent (voir le tableau F, n° 39) :

Accroissement moyen annuel par hectare en kilogrammes de bois sec.

Nature du terrain.	Degré de fertilité très-bon.	Degré de fertilité bon.	Degré de fertilité passable.	Degré de fertilité médiocre.	Degré de fertilité mauvais.
Grès vosgien.	»	1874	1359	1069	797
Grès bigarré.	3100	2339	1694	»	»
Muschelkalk.	2955	2338	1761	1398	»
Marnes irrisées.	3502	2640	2007	1522	»

On voit que, indépendamment du degré de fertilité, la nature géologique du sol a une influence marquée sur l'accroissement. Ce dernier est d'autant plus faible que le terrain est plus perméable, se dessèche par conséquent plus rapidement par l'action du soleil, et conserve moins longtemps après les pluies le degré d'humidité nécessaire pour activer la végétation.

Cette influence de la nature géologique du sol ne paraît pas avoir lieu pour les futaies. Lorsqu'on compare (voir les tableaux 35 et 36, supprimés pour l'impression dans les *Annales forestières*) les chiffres qui expriment l'accroissement moyen annuel par hectare en bois sec pour chaque essence, on trouve que les différences qui se présentent sont, en général, proportionnelles à l'âge, et que, dans les cas d'exception, les chiffres les plus forts se trouvent tantôt dans un terrain, tantôt dans un autre, sans que la prédominance d'aucun soit marquée. C'est qu'en effet les futaies régulières, en interceptant les rayons du soleil et en conservant dans l'ombre la surface du sol, maintiennent la fraîcheur de ce dernier, même lorsqu'il est très-perméable, et se trouvent ainsi dans les meilleures conditions de végétation, toutes les fois que le terrain offre assez de profondeur pour permettre le libre développement des racines.

Cette influence de l'humectation du sol sur l'accroissement des forêts confirme de nouveau les résultats auxquels je suis arrivé dans un Mémoire précédent, dans lequel j'ai trouvé que, toutes les fois que les eaux ne sont pas croupissantes, la végétation des sapins est d'autant plus active que l'arrosement du sol est plus considérable. Mes expériences à cet égard se résument dans les chiffres suivants :

	Accroissement moyen annuel de l'arbre en kilog. bois sec.
Sapins venus dans des terrains fangeux.	1,80
Id. dans des terrains secs.	3,40
Id. dans des terrains arrosés par les eaux de pluie.	8,20
Id. dans des terrains arrosés par des eaux courantes	11,60

Il est donc très-important d'utiliser toute la force productrice apportée par les eaux pluviales, en empêchant à la fois leur écoulement sur les pentes et leur évaporation directe par l'action du soleil ; cette double condition se trouve parfaitement exprimée dans cette belle pensée de M. Dumas, « qu'un des problèmes les plus importants à résoudre en agriculture est presque toujours de faire évaporer par les feuilles l'eau que la terre reçoit. »

Pour mieux faire ressortir l'influence de l'âge sur l'accroissement des futaies, j'ai réuni dans les tableaux 37 et 38 (supprimés pour l'impression dans les *Annales forestières*) toutes les observations faites pour chaque essence, sans distinction de terrain, et en les classant d'après l'âge de la forêt. En parcourant ces tableaux, et en s'arrêtant seulement aux colonnes dans lesquelles un nombre suffisant d'observations se trouvent réunies, on voit que :

Pour le chêne, degré de fertilité bon, le maximum de l'accroissement a eu lieu à 77 ans, et que ce dernier se maintient dans de bonnes proportions jusqu'à 115 ans, âge le plus élevé du tableau ;

Pour le hêtre, degré de fertilité bon, le maximum de l'accroissement a eu lieu à 80 ans, et que ce dernier se maintient dans de bonnes proportions jusqu'à 110 ans ;

Pour le sapin, degré de fertilité très-bon, le maximum de l'accroissement moyen annuel a eu lieu à 115 ans, et que ce dernier se maintient dans de bonnes proportions jusqu'à 145 ans ;

Pour le sapin, degré de fertilité bon, le maximum de l'accroissement moyen annuel a eu lieu à 76 ans, et que ce dernier se maintient dans de bonnes proportions jusqu'à 135, âge le plus élevé du tableau ;

Pour le pin, degré de fertilité bon, le maximum de l'accroissement moyen annuel a eu lieu à 51 ans, et que ce dernier se maintient dans de bonnes proportions jusqu'à 71 ans ;

Et enfin que, pour le pin, degré de fertilité passable, le maximum de l'accroissement moyen annuel paraît devoir être fixé à 50 ans, et que ce dernier se maintient dans de bonnes proportions jusqu'à 77 ans.

Je dois toutefois faire observer que les chiffres portés dans mes tableaux expriment l'accroissement annuel moyen, c'est-à-dire l'accroissement total divisé par l'âge de la forêt, et non pas l'accroissement annuel réel, correspondant à un âge donné, qui peut être supérieur ou inférieur à l'accroissement moyen.

Il me reste à comparer les chiffres trouvés, dans chaque degré de fertilité, pour les futaies à ceux trouvés pour les taillis sous-futaies ; et comme ces derniers sont composés d'essences mêlées, il m'a paru convenable de prendre pour les futaies les moyennes entre les nombres relatifs aux diverses essences, sans tenir compte de la nature géologique du terrain, puisque pour toutes les futaies du pays de Baden elle n'a pas eu d'influence appréciable sur l'accroissement.

Voici ces moyennes (voir le tableau F, nᵒ 39) augmentées de 15 % pour les produits intermédiaires, de manière à avoir le rendement moyen annuel véritable :

Degré de fertilité, très-bon. .	4,279	kil. de bois sec.
id.	bon . . .	3,480	»
id.	passable. .	2,849	»
id.	médiocre. .	2,398	»
id.	mauvais. .	2,082	»

On voit que, dans chaque degré de fertilité, ces chiffres sont supérieurs à ceux trouvés pour les taillis.

Si donc on représente par l'unité l'accroissement des futaies dans les différents degrés de fertilité, on pourra exprimer celui des taillis en fractions décimales, et établir une série de coefficients exprimant le rendement relatif de ces forêts. On trouve ainsi que les meilleurs taillis ne produisent que . . . . 0,82 et les plus mauvais . . . . 0,38 de la production des futaies dans les mêmes circonstances.

En examinant les coefficients ainsi obtenus et portés au tableau F (n° 39), on voit que la production relative des taillis diminue, non-seulement à mesure que le sol devient plus perméable, mais aussi en même temps que la fertilité. Il en résulte, contrairement à l'opinion généralement admise, que plus le terrain est mauvais, plus il y a avantage à traiter la forêt en futaie, pourvu toutefois que le sol présente assez de profondeur pour permettre le développement des racines. Mais ici l'appropriation de l'essence au terrain devient une condition indispensable du succès, et, pour en citer un exemple, il ne faudrait pas essayer d'élever une futaie de hêtres ou de sapins dans un terrain très-sablonneux, très-sec et exposé au midi, tandis qu'une futaie de pins ou de mélèzes y viendrait parfaitement bien.

On peut aussi représenter par l'unité l'accroissement des futaies dans le degré de fertilité très-bon seulement, et par des fractions décimales leur accroissement dans les autres degrés de fertilité, ainsi que celui des taillis. On trouve alors (voir le tableau F, n° 39) :

Degré de fertilité très-bon : Pour la futaie, 1 ; pour les taillis les plus productifs. 0,82

Degré de fertilité mauvais : Pour la futaie, 0,49 ; pour les taillis les moins productifs. 0,19

Ces chiffres peuvent servir à établir, pour les pays sur lesquels ont porté mes observations, les limites entre lesquelles varie la production moyenne annuelle d'un hectare de forêt.

Je ne me suis occupé, dans ce Mémoire, que du produit brut des forêts, sans tenir compte de la valeur relative des bois de service et des bois de feu, qui est tout à l'avantage des futaies, non plus que du jeu des intérêts composés que l'on représente ordinairement comme rendant, au point de vue financier, les taillis préférables aux futaies. Dans un prochain Mémoire, purement forestier, je me propose de reprendre ces questions spéciales et de rechercher quel est, sous tous les rapports, le traitement le plus avantageux à adopter pour les forêts.

CONCLUSIONS.

De tout ce qui précède, et dans la limite de mes expériences, je crois pouvoir tirer les conclusions suivantes :

1° Les quantités centésimales de cendres contenues dans les bois sont, en moyennes générales :

Pour les très-jeunes arbres, de 1,23
Pour les corps des arbres plus âgés, de 1,34
Pour les branches, de 1,54
Pour les fagots faits avec des brindilles, de 2,27

2º Le produit moyen annuel, par hectare, de 16,400 hectares de taillis sous-futaies dans les Vosges est compris entre les limites suivantes :

st.
2,90 et   47 fagots ⎰ Chiffres correspondant au ⎰ dans le grès vosgien,
7,46 et 100   »   ⎱   produit moyen,   ⎱ dans les marnes irrisées.

Les quantités de bois sec, carbone, hydrogène, azote, oxigène et cendres, correspondant à ces chiffres, sont en kilogrammes :

	Bois sec.	Carbone.	Hydrogène.	Oxigène.	Azote.	Cendres.
Grès vosgien. . . .	1137	565	68	477	11	16
Marnes irrisées . .	2590	1288	157	1080	25	40

3º Le produit moyen annuel [1], par hectare, des futaies du pays de Baden est compris entre les chiffres :

st.
6,68 ⎰ exprimant le pro- ⎰ des futaies de charme,
13,85 ⎱   duit moyen   ⎱ des futaies de sapins.

Les quantités de bois sec, carbone, hydrogène, azote, oxigène et cendres, correspondant à ces chiffres, sont, en kilogrammes :

	Bois sec.	Carbone.	Hydrogène.	Oxigène.	Azote.	Cendres.
Futaies de charme. .	2560	1245	153	1093	25	44
Futaies de sapin. . .	3903	1894	236	1595	39	39

4º Les forêts de la Forêt-Noire, dans le pays de Baden, et celles des Vosges sont dans des conditions de végétation comparables.

5º L'accroissement des taillis varie avec la nature géologique du sol ; il est d'autant plus faible, que le terrain est plus perméable.

6º Cette influence de la nature géologique du sol ne paraît pas avoir lieu pour les futaies, pourvu qu'elles se composent d'essences bien appropriées au sol. Leur accroissement va en augmentant avec l'âge, jusqu'à un maximum après lequel il décroît.

7º En classant les forêts d'après le degré de fertilité du sol, on trouve que les meilleurs taillis (marnes irrisées, degré de fertilité très-bon) produisent en moyenne, par hectare et par année, 3500 kilog. de bois sec environ ; tandis que les plus mauvais taillis (grès vosgien, degré de fertilité mauvais) n'en produisent que 800 environ.

On trouve, de même, que les meilleures futaies (toutes essences confondues) produisent en moyenne, par hectare, 4300 kilog. de bois sec, et les plus mauvaises 2100 environ.

8º Enfin en comparant, pour chaque degré de fertilité, l'accroissement des futaies à celui des taillis dans différents terrains, on trouve que le premier est toujours de beaucoup supérieur, et qu'en le prenant pour unité, l'accroissement des taillis sera exprimé par des coefficients d'autant plus petits, que le degré de fertilité sera moindre : d'où il résulte que, plus le terrain est mauvais, plus il y a avantage à traiter la forêt en futaie, toutes les fois que le sol présente assez de profondeur pour permettre le développement des racines.

---

[1] Y compris les produits intermédiaires résultant des coupes d'éclaircies.

NOTE.

Si, au lieu de prendre les chiffres moyens de production dans différentes circonstances, on cherche ceux qui donnent la production la plus forte et la production la plus faible par hectare, on trouve :

Que l'accroissement le plus fort a été présenté par une futaie de sapins de 115 ans, produisant en moyenne par année et par hectare ;

Bois sec.	Carbone.	Hydrogène.	Oxigène.	Azote.	Cendres.
6555 k.	3349 k.	396 k.	2679 k.	65 k.	66 k.

et que l'accroissement le plus faible a été présenté par un taillis de chêne de 23 ans, produisant en moyenne par année et par hectare[1] :

Bois sec.	Carbone.	Hydrogène.	Oxygène.	Azote.	Cendres.
521 k.	260 k.	31 k.	217 k.	5 k.	8 k.

En comparant ces quantités de carbone à celle contenue dans un prisme d'air ayant un hectare pour base et s'élevant jusqu'aux limites de l'atmosphère, prisme qui contient 16900 kilog. de carbone, on trouve :

$$\text{pour le cas de plus grande production :} \quad \frac{16900}{3349} = 5,05$$

$$\text{et pour le cas de plus petite production} \quad \frac{16900}{260} = 65,00$$

Il en résulte que si toute la terre, soit environ le quart de la surface du globe, était couverte d'une végétation égale à celle de la première de ces forêts, et que l'acide carbonique absorbé par cette végétation ne se renouvelât point, au bout de vingt années l'air en serait complétement dépouillé.

Le même résultat ne serait atteint, dans les conditions de la seconde forêt, qu'au bout de deux cent soixante années.

Dans ces forêts, on ne peut compter que cinq mois, soit cent cinquante jours, de végétation. Pendant cette période, l'absorption de carbone qui aura lieu chaque jour entre le lever et le coucher du soleil, sera en moyenne par hectare :

$$\text{Pour le 1er cas de} \quad \frac{3349}{150} = 22{,}33^{k}$$

$$\text{Pour le 2e cas de} \quad \frac{260}{150} = 1{,}73^{k}$$

Je donne ici ces calculs afin qu'ils puissent être comparés à ceux du même genre, compris dans mon premier Mémoire, mais établis sur des éléments différents. J'ajouterai, dans le même but, le calcul de l'épaisseur de la couche de houille correspondant au volume le plus considérable par hectare, volume qui a été présenté par une futaie de sapin, de 145 ans et qui s'est trouvé de 1762 $^{m.,c.}$ 05 correspondant à :

Bois sec.	Carbone.	Hydrogène.	Oxygène.	Azote.	Cendres.
707910 k.	361629 k.	42821 k.	289373 k.	7008 k.	7079 k.

[1] La réserve laissée sur le sol ayant été trop forte, ces chiffres sont un peu plus faibles qu'ils ne l'eussent été sans cette circonstance.

100 de houille contenant, d'après les analyses de M. REGNAULT, 85 de carbone, il en résulte que la quantité de houille x, correspondant à un volume de bois contenant 361 629 kil. de carbone, sera donnée par l'é-

quation $x = \dfrac{361629 \times 100}{85} = $ 425446 kilog.

En prenant pour pesanteur spécifique de la houille 1·30, on trouve pour volume correspondant au poids ci-dessus :

$$\dfrac{425446}{1300} = \overset{\text{m. c.}}{327},266$$

et pour épaisseur de la couche de houille qu'une pareille forêt, après 145 années de végétation, eût pu produire sur place par sa transfor-

mation : $\dfrac{\overset{\text{m. c.}}{327},266}{10000} = \overset{\text{m.}}{0},032727$

Moyennes générales des quantités

HÊTRE.

Bois de quartier. . .	Grès vosgien. .	1,00			
id.	Grès bigarré. .	0 85	} 0,99		
id.	Muschelkalk. .	1,12			} 1,06
Rondinage de branches.	Grès vosgien. .	1,04			
id.	Grès bigarré. .	1,30	} 1,26		
id.	Mulchelkalk. .	1,43		} 1,14	
Rondinage de brins. .	Grès vosgien. .	1,06			
id.	Grès bigarré. .	1,01	} 1,02		
id.	Muschelkalk. .	0,98			

CHÊNE.

Bois de quartier. . .	Grès vosgien. .	1,55			
id.	Grès bigarré. .	1,54	} 1,58		
id.	Muschelkalk. .	1,66			} 1,65
Rondinage de branches.	Grès vosgien. .	2,06			
id.	Grès bigarré. .	1,83	} 2,00		
id.	Muschelkalk. .	2,10		} 1,72	
Rondinage de brins. .	Grès vosgien. .	1,36			
id.	Grès bigarré. .	1,68	} 1,45		
id.	Muschelkalk. .	1,32			

CHARME.

Bois de quartier. . .	Grès vosgien. .	1,32			
id.	Grès bigarré. .	2,20	} 1,69		
id.	Muschelkalk. .	1,55			} 1,62
Rondinage de branches.	Grès vosgien. .	1,82			
id.	Grès bigarré. .	1,78	} 1,84		
id.	Muschelkalk. .	1,93		} 1,56	
Rondinage de brins. .	Grès vosgien. .	1,22			
id.	Grès bigarré. .	1,25	} 1,29		
id.	Muschelkalk. .	1,39			

BOULEAU.

Bois de quartier. . .	Grès vosgien. .	0,83			
id.	Grès bigarré. .	0,88	} 0,81		
id.	Muschelkalk. .	0,72			} 0,85
Rondinage de branches.	Grès vosgien. .	0,89			
id.	Grès bigarré. .	1,21	} 1,09		
id.	Muschelkalk. .	1,16		} 0,89	
Rondinage de brins. .	Grès vosgien. .	0,78			
id.	Grès bigarré. .	0,64	} 0,69		
id.	Muschelkalk. .	0,66			

TREMBLE.

Bois de quartier. . .	Grès vosgien. .	1,16			
id.	Grès bigarré. .	1,61	} 1,60		
id.	Muschelkalk. .	2,04			} 1,73
Rondinage de branches.	Grès bigarré. .	2,05	} 2,35		
id.	Muschelkalk. .	2,66			
Rondinage de brins. .	Grès vosgien. .	1,23		} 1,87	
id.	Grès bigarré. .	1,37	} 1,40		
id.	Muschelkalk. .	1,60			

de cendres contenues dans les bois.

```
                        AUNE.

Bois de quartier.  .  .  . Grès vosgien. .  1,22 )
      id.                  Grès bigarré. .  1,78 }   1,41 )
      id.                  Muschelkalk. .   1,23 )         }  1,38
Rondinage de brins. .  . Grès vosgien. .   0,98 )         )
      id.                  Grès bigarré. .  1,93 }   1,35 )
      id.                  Muschelkalk. .   1,13 )


                        SAULE.

Bois de quartier  .  .  . Muschelkalk. .          1,90 )
Rondinage de brins. .  . Grès bigarré. .   2,41 }          }  2,00
      id.                  Muschelkalk. .   1,82 }   2,11 )


                        SAPIN.

Bois de quartier.  .  .  . Grès vosgien. .         0,89 )
Rondinage de branches. . Grès vosgien. .   1,34 }          }  1,02
Rondinage de brins. .  . Grès vosgien. .   0,98 }   1,16 )


                        PIN.

Bois de quartier.  .  .  . Grès vosgien. .         1,22 )
Rondinage de branches. . Grès vosgien. .   0,91 }          }  1,04
Rondinage de brins. .  . Grès vosgien. .   0,82 }   0,86 )
```

Tableau B (Nº 7). Quantités moyennes de cendres contenues dans les bois de même espèce, mais de qualités différentes.

	Rondinage de Brins.	Bois de Quartier.	Rondinage de Branches.	Fagots.
Hêtre.	1,02	0,99	1,26	1,77
Chêne.	1,45	1,58	2,00	1,82
Charme.	1,29	1,69	1,84	2,08
Bouleau.	0,69	0,81	1,09	1,32
Tremble.	1,40	1,60	2,35	2,98
Aune.	1,35	1,41	»	2,02
Saule.	2,11	1,90	»	5,51
Sapin.	0,98	0,89	1,34	1,60
Pin.	0,82	1,22	0,91	1,38
Totaux.	11,11	12,09	10,79	20,48
Moyennes. . . .	1,23	1,34	1,54	2,27

Tableau C (N° 8).   Coefficients pour la détermination du volume réel du
mètre cube de bois en grume lorsqu'il

1re SÉRIE. — Arbres ayant 1 mètre 50 cent. environ de circonférence moyenne.

ESSENCE.	Nombre d'arbres.	Circonférence moyenne.	Volume réel en mètres cubes.	Nombre de stè'es correspondant.	Coefficient exprimant le volume réel.	Coefficient exprimant le volume apparent.
Hêtre. . . .	2	1,64	4,945371	7,00	0,7065	1,415
Chêne . . .	1	1,55	1,410882	2,00	0,7053	1,417
Sapin. . . .	5	1,48	8,479978	12,00	0,7066	1,415
TOTAUX.. .	8	»	14,836231	21,00	»	»
MOYENNES. .	»	1,53	»	»	0,7065	1,415

2e SÉRIE. — Arbres ayant 1 mètre environ de circonférence moyenne.

ESSENCE.	Nombre d'arbres.	Circonférence moyenne.	Volume réel en mètres cubes.	Nombre de stères correspondant.	Coefficient exprimant le volume réel.	Coefficient exprimant le volume apparent.
Hêtre. . . .	6	1,08	4,823970	7,00	0,6891	1,451
Chêue. . . .	6	1,12	4,348485	6,50	0,6690	1,494
Sapin. . . .	4	1,09	4,164442	6,00	0,6940	1,440
TOTAUX.. .	16	»	13,336897	19,50	»	»
MOYENNE. .	»	1,10	»	»	0,6839	1,462

bois contenu dans un stère de bois de feu, et du volume apparent d'un
a été refendu et mis en bois de feu.

3ᵉ Série. — Arbres ayant de 50 à 60 centim. environ de circonférence moyenne.

ESSENCE.	Nombre d'arbres.	Circonférence moyenne.	Volume réel en mètres cubes.	Nombre de stères correspondant.	Coefficient exprimant le volume réel.	Coefficient exprimant le vol ume apparent.
		m. c. m. c.				
Chêne . . .	27	0,50 à 0,60	2,662518	4,00	0,6656	1,502
Bouleau . . .	14	id.	1,321273	2,00	0,6606	1,514
Sapin. . . .	30	id.	4,137153	6,00	0,6895	1,450
Tremble. . .	9	id.	1,354411	2,00	0,6772	1,476
Aune. . . .	10	id.	1,421351	2,00	0,7106	1,407
Totaux. . .	90	»	10,896706	16,00	»	»
Moyennes. .	»	0,50 à 0,60	»	»	0,6810	1,470

Coefficients moyens pour les 3 Séries.

	Circonférence moyenne.	Coefficient exprimant le volume réel.	Coefficient exprimant le volume apparent.
Première Série.	1,53	0,7065	1,415
Deuxième id.	1,10	0,6839	1,462
Troisième id.	0,55	0,6810	1,470
Totaux.	3,18	2,0714	4,347
Moyennes.	1,06	0,6905	1,449

Tableau D (N° 21).   Accroissement moyen annuel

FUTAIES DU GRAND-DUCHÉ DE BADEN.	Nombre d'expériences.	Essence.	Mètres cubes.
(Gneiss, granit, porphyre, grès bigarré, marnes irrisées, vieux calcaire jurassique, cailloux roulés)	23	Chêne.	5,221 soit
(Gneiss, granit, grès rouge, grès bigarré, vieux calcaire jurassique, nouveau calcaire jurassique, molasse, cailloux roulés).	32	Hêtre (montagnes moyennes).	5,224 »
(Gneiss, granit, porphyre, terrains de transition, nouveau calcaire jurassique).	27	Hêtre (hautes montagnes).	4,559 »
(Cailloux roulés)	15	Charme.	4,008 »
(Gneiss, granit, grès bigarré, muschelkalk).	42	Sapin.	8,304 »
(Granit, grès bigarré, muschelkalk, cailloux roulés).	86	Pin.	7,330 »

TAILLIS SOUS FUTAIES D'ESSENCES MÊLÉES.	Nombre d'hectares.	Stères.
Forêt domaniale de Saint-Quirin (grès vosgien et grès bigarré).	5292,00	6,40
Forêts de M. le bᵒⁿ de Klingliu, affectation de plaine-de-Walscheid (grès vosgien et grès bigarré).	820,00	6,12
Forêts de Mᵐᵉ la princesse de Poix (terrains de transition, grès vosgien, grès bigarré et muschelkalk).	7624,00	5,37
Taillis à divers. — Marnes irrisées (91 coupes) .	1462,48	7,46
» — Muschelkalk (55 coupes). .	495,43	6,37
» — Grès bigarré (98 coupes). . .	1012,18	6,86
» — Grès vosgien (62 coupes). . .	1475,31	2,90
ENSEMBLE.	18181,40	
A déduire pour partie des forêts de Mᵐᵉ la princesse de Poix, comprise dans les coupes examinées individuellement.	1780,36	
RESTE.	16401,04	

par hectare de différentes forêts.

Nombre correspondants de lères.	Bois sec.	Carbone.	Hydrogène.	Oxigène.	Azote.	Cendres.	OBSERVATIONS.
	k.	k.	k.	k.	k.	k.	
7,57	ou 2900,81	1438,30	171,09	1213,60	28,51	49,31	
7,57	» 2994,28	1476,68	180,10	1275,84	29,62	32,04	L'accroissement de ces futaies a été calculé ici sans y ajouter les produits des coupes intermédiaires, qui augmenteraient d'environ 15 p. 0[0 les chiffres trouvés.
6,61	» 2574,62	1269,71	154,86	1097,03	25,47	27,55	
5,81	» 2226,04	1082,28	132,99	950,17	21,87	38,73	
2,04	» 3394,21	1733,90	205,31	1387,46	33,60	33,94	
0,63	» 2798,71	1431,02	169,12	1145,65	22,14	30,78	

Fagots.	Bois sec.	Carbone.	Hydrogène.	Oxigène.	Azote.	Cendres.
	k.	k.	k.	k.	k.	k.
59	ou 2293,87	1147,47	138,30	957,50	22,47	28,13
55	» 2309,16	1141,45	139,12	981,06	22,96	24,57
53	» 1893,60	947,16	114,12	791,32	18,64	22,36
100	» 2589,82	1287,58	156,64	1080,24	25,22	40,14
66	» 2318,98	1149,20	139,69	973,52	22,59	33,98
64	» 2494,52	1230,33	150,21	1053,37	24,37	36,24
47	» 1137,25	564,73	68,01	476,92	11,26	16,33

Tableau E (Nº 28). Comparaison entre la production des futaies

ESSENCE.	DEGRÉ DE FERTILITÉ.	ACCROISSEMENT MOYEN ANNUEL PAR HECTARE.							
		GRAND-DUCHÉ DE BADEN.				VOSGES.			
		Nombre d'expériences.	Age moyen.	Accroissement en		Nombre d'expériences.	Age moyen.	Accroissement en	
				mètres cubes.	bois sec.			mètres cubes.	bois sec.
					k.				k.
Chêne. .	Très-bon. .	5	34	6,526	3542,91	1	»	»	»
—	Bon. . .	9	68	5,546	3114,05	3	77	4,949	3007,63
—	Passable . .	5	52	4,815	2678,03	1	36	3,241	1803,47
—	Médiocre. .	4	52	3,365	1896,86	1	24	2,496	1391,25
Hêtre. montagnes moyennes.	Très-bon. .	3	78	7,107	3960,96	5	49	6,844	3865,65
—	Bon. . . .	23	78	5,271	3026,26	2	43	4,907	2701,67
—	Passable.. .	6	67	4,103	2388,33	»	»	»	»
Hêtre. hautes montagnes.	Très-bon. .	8	82	5,631	3188,98	»	»	»	»
—	Bon. . . .	9	94	4,613	2594,05	»	»	»	»
—	Passable.. .	10	80	3,654	2065,66	»	»	»	»
Charme..	Bon. . . .	4	52	4,939	2729,15	»	»	»	»
—	Passable . .	9	56	3,796	2109,47	»	»	»	»
—	Médiocre. .	2	51	3,097	1744,36	»	»	»	»
Bouleau..	Très-bon. .	»	»	»	»	2	32	8,439	4069,41
Sapin. . .	Très-bon. .	16	109	9,875	4007,32	7	97	9,978	4105,02
—	Bon.. . . .	19	79	7,888	3233,32	6	61	7,656	3190,98
—	Passable.. .	7	78	5,845	2429,55	3	60	5,974	2689,90
Pin. . . .	Très-bon. .	12	49	9,456	3593,48	»	»	»	»
—	Bon. . . .	25	51	7,942	3013,39	3	63	7,238	2995,19
—	Passable . .	32	58	7,069	2710,30	»	»	»	»
—	Médiocre. .	10	35	5,904	2282,89	»	»	»	»
—	Mauvais . .	7	53	4,729	1810,54	»	»	»	»

du pays de Baden et celle des Vosges.

LIMITES SUPÉRIEURES DE L'ACCROISSEMENT ANNUEL PAR HECTARE.				LIMITES INFÉRIEURES DE L'ACCROISSEMENT ANNUEL PAR HECTARE.			
GRAND-DUCHÉ DE BADEN.		VOSGES.		GRAND-DUCHÉ DE BADEN.		VOSGES.	
Age.	Accroissement en bois sec.	Age.	Accroissement en bois sec.	Age.	Accroissement en bois sec.	Age.	Accroissement en bois sec.
	k.		k.		k.		k.
33	4185,88	»	»	20	2683,65	»	»
77	3595,23	150	3495,29	29	2307,10	30	2255,10
87	3026,59	»	»	38	2353,32	»	»
74	2274,03	»	»	30	1330,40	»	»
97	4340,46	67	4435,92	72	3702,83	37	3272,59
80	3597,07	50	3089,74	31	2150,67	36	2313,61
105	2845,33	»	»	53	2010,57	»	»
65	3653,14	»	»	60	2864,43	»	»
100	2773,92	»	»	100	2346,92	»	»
74	2420,30	»	»	9Q	1695,60	»	»
29	3251,52	»	»	90	2381,23	»	»
59	2438,61	»	»	35	1777,68	»	»
61	1904,77	»	»	42	1583,95	»	»
»	»	40	5957,42	»	»	24	2181,41
115	5650,85	130	4564,11	180	2764,78	70	3593,08
76	3748,43	65	3498,72	55	2872,80	45	2966,98
79	2814,71	65	2844,78	159	1622,66	60	2490,68
35	4394,06	»	»	77	3017,84	»	»
48	3480,75	100	3775,74	116	2256,00	44	2508,27
48	3072,92	»	»	82	2360,79	»	»
39	2494,69	»	»	25	1882,40	»	»
71	2148,45	»	»	78	1359,82	»	»

Comparaison entre le produit moyen annuel de différentes forêts.

	DEGRÉ DE FERTILITÉ. — TRÈS-BON.						DEGRÉ DE FERTILITÉ. — BON.						DEGRÉ DE FERTILITÉ. — PASSABLE.						DEGRÉ DE FERTILITÉ. — MÉDIOCRE.						DEGRÉ DE FERTILITÉ. — MAUVAIS.					
	PRODUIT MOYEN ANNUEL PAR HECTARE en kilogrammes.						PRODUIT MOYEN ANNUEL PAR HECTARE en kilogrammes.						PRODUIT MOYEN ANNUEL PAR HECTARE en kilogrammes.						PRODUIT MOYEN ANNUEL PAR HECTARE en kilogrammes.						PRODUIT MOYEN ANNUEL PAR HECTARE en kilogrammes.					
	Bois sec.	Carbone.	Hydrogène.	Oxigène.	Azote.	Cendres.	Bois sec.	Carbone.	Hydrogène.	Oxigène.	Azote.	Cendres.	Bois sec.	Carbone.	Hydrogène.	Oxigène.	Azote.	Cendres.	Bois sec.	Carbone.	Hydrogène.	Oxigène.	Azote.	Cendres.	Bois sec.	Carbone.	Hydrogène.	Oxigène.	Azote.	Cendres.
FUTAIES DU GRAND-DUCHÉ DE BADEN (Chêne, Hêtre, Charme, Sapin, Pin). Produit calculé d'après coupes et sur le sol.	3730,85	1863,73	226,10	1537,76	34,64	41,59	3026,41	1517,62	181,85	1262,26	28,37	36,20	2477,57	1248,67	146,30	1036,53	23,00	29,18	2085,07	1061,47	126,04	862,77	18,01	27,78	1910,84	936,75	106,41	761,14	14,33	19,21
FUTAIES DU GRAND-DUCHÉ DE BADEN. Produit total calculé en y comprenant les coupes intermédiaires.	4379,00	2165,00	258,00	1788,00	40,00	45,00	3480,00	1745,00	200,00	1442,00	33,00	42,00	2849,00	1426,00	173,00	1182,00	25,00	34,00	2398,00	1206,00	144,00	992,00	21,00	32,00	2082,00	1085,00	126,00	852,00	18,00	23,00
Taillis sous-futaies, situés au pied de Vosges (Marnes irisées).	3401,99	1749,76	212,14	1461,51	31,63	53,53	2640,55	1313,49	159,83	1100,25	25,68	41,23	2006,93	997,03	120,85	837,96	19,65	34,46	1531,56	755,65	91,79	635,71	14,93	23,49	»	»	»	»	»	»
Taillis sous-futaies, situés au pied des Vosges (Muschelkalk).	2955,27	1462,19	177,97	1241,00	28,61	43,11	2328,19	1159,58	141,04	981,36	22,85	33,36	1761,19	873,94	106,08	736,92	17,33	25,03	1297,66	694,14	85,78	584,16	13,52	21,96	»	»	»	»	»	»
Taillis sous-futaies, situés au pied des Vosges (Grès bigarré).	3100,13	1535,06	186,44	1313,98	30,40	45,23	2339,06	1155,33	140,85	986,58	23,67	33,33	1694,33	839,49	103,47	710,37	15,35	25,76	»	»	»	»	»	»	»	»	»	»	»	»
Taillis des Vosges (Grès vosgien).	»	»	»	»	»	»	1873,68	937,85	113,25	790,37	18,03	34,80	1358,67	674,66	81,35	570,25	13,44	18,97	1060,25	531,26	63,82	447,56	10,59	15,98	737,12	367,01	47,60	322,55	7,85	12,96

Les chiffres qui précèdent peuvent se résumer dans les coëfficients suivants, qui expriment la production moyenne annuelle en bois sec.

En prenant le produit total annuel des futaies pour unité dans chaque degré de fertilité.

	TRÈS-BON.	BON.	PASSABLE.	MÉDIOCRE.	MAUVAIS.
Futaies du pays de Bade.	1,00	1,00	1,00	1,00	1,00
Taillis (marnes irisées).	0,82	0,76	0,70	0,63	»
id. (muschelkalk).	0,69	0,67	0,62	0,54	»
id. (grès bigarré).	0,73	0,67	0,59	»	»
id. (grès vosgien).	»	0,54	0,48	0,44	0,38

En prenant pour unité le produit total annuel des futaies dans le degré de fertilité. — Très-bon.

	TRÈS-BON.	BON.	PASSABLE.	MÉDIOCRE.	MAUVAIS.
Futaies de pays de Bade.	1,00	0,81	0,66	0,56	0,49
Taillis (marnes irisées).	0,82	0,62	0,47	0,35	»
id. (muschelkalk).	0,69	0,55	0,41	0,33	»
id. (grès bigarré).	0,73	0,55	0,40	»	»
id. (grès vosgien).	»	0,44	0,32	0,25	0,19

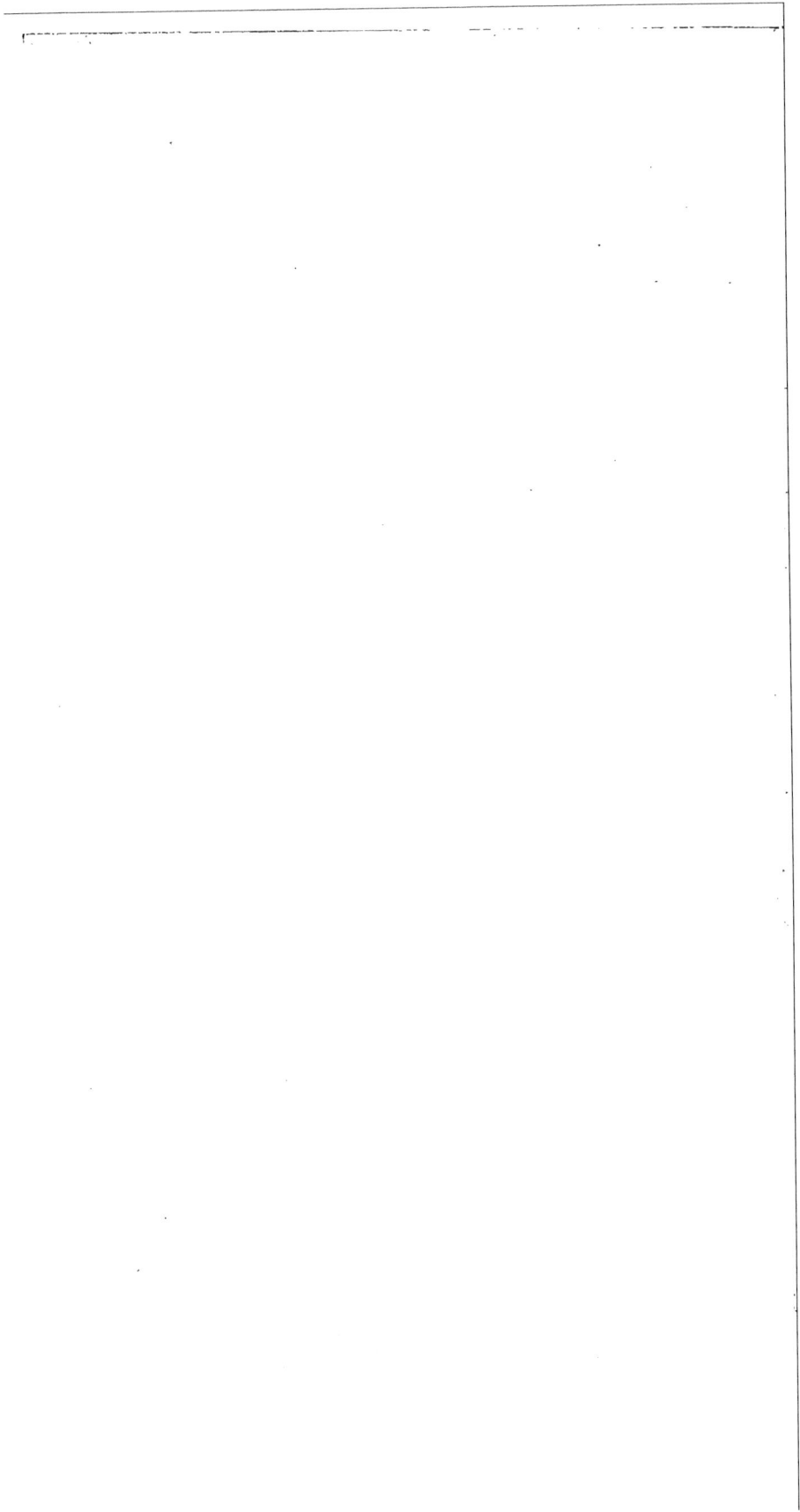

CONSIDÉRATIONS GÉNÉRALES

SUR LA CULTURE FORESTIÈRE EN FRANCE,

Par M. Eugène CHEVANDIER.

(Note lue à l'Académie des Sciences le 5 avril 1847.)

(Extrait des *Annales forestières*, tom. VI, 5ᵉ livraison).

Nous nous sommes proposé, dans ce Mémoire, de rechercher :

1° Quelle augmentation on pourrait obtenir, en France, dans la production annuelle en bois par une culture mieux entendue des forêts aujourd'hui existantes, et par le reboisement successif des parties du sol, qui, ayant été anciennement déboisées, sont restées sans utilité pour l'agriculture ;

2° Quel serait le rapport entre cette augmentation, et le chiffre représentant la consommation actuelle en combustibles minéraux.

M. le directeur général des forêts, dans un rapport au ministre des finances [1], évalue la surface boisée de la France à 8,623,128 hectares.

SAVOIR :

Forêts de l'État.	1,073,256
id. de la Couronne.	106,929
id. des communes et établissements publics.	1,823,833
id. des particuliers.	5,619,110
Ensemble.	8,623,128

La partie de ces forêts, cultivée en futaies, peut être évaluée très-approximativement à. 1,665,290

Et les taillis à. 6,957,838

SAVOIR [2] :

Futaies.

A l'État.	482,640
A la Couronne.	32,500
Aux communes et établissements publics.	447,760
Aux particuliers	702,390
Ensemble.	1,665,290

[1] Rapport du 17 mai 1845.

[2] Cette répartition en futaies et en taillis a été faite pour les forêts de l'État, de la Couronne, des communes et établissements publics, d'après des renseignements recueillis à l'administration des forêts, et pour celles des particuliers, en admettant avec M. Noirot, de Dijon, que dans ces forêts il y a 7/8 de taillis et 1/8 seulement de futaies.

Taillis.

A l'État. 590,616
A la Couronne. 74,429
Aux communes et établissements publics. 1,376,073
Aux particuliers. 4,916,720

Ensemble. 6,957,838

Le produit annuel de ces forêts peut de même être évalué très-approximativement à 40,589,537 stères.

SAVOIR :

Forêts de l'État. 6,814,200
   id. de la Couronne. 632,145
   id. des communes et établissements publics. . . . 9,086,372
   id. des particuliers 24,056,820

Ensemble. 40,589,537

Soit environ 5 stères par hectare [1].

Dans le pays de Baden, au contraire, la production moyenne des futaies a été, pour des bois de 50 à 140 ans, de 11 stères 1/2 par année et par hectare [2].

J'ai déjà démontré, dans un Mémoire précédent, que dans le pays de Baden et les Vosges les futaies produisent beaucoup plus de bois que les taillis. Il est donc permis de supposer que, si les forêts de la France étaient graduellement, et autant que possible, ramenées à la culture en futaie et peuplées d'essences bien appropriées à la nature du sol, au climat, à l'exposition, etc., on arriverait facilement à en obtenir, en moyenne, un produit de 10 stères par hectare et par année, soit par conséquent 86,000,000 de stères par année pour les forêts aujourd'hui existantes.

Voyons maintenant quels seraient l'étendue et le produit des parties susceptibles de reboisement.

---

[1] Cette évaluation a été établie d'après les bases suivantes :
Futaies: pour les forêts de toutes catégories, 8 stères de produit moyen annuel par hectare.
Taillis : pour les forêts de l'État et de la Couronne. . . . . . 5 stères.
Pour celles des communes et établissements publics, les 4/5, soit. . . 4 id.
Pour celles des particuliers, les 3/4, soit. . . . . 3 id. 75 c.
En appliquant ces données au nombre d'hectares compris dans chaque catégorie, on trouve pour moyenne générale 4 stères 71 centistères ; ce chiffre peut être considéré comme exprimant grandement la possibilité actuelle des forêts en France, puisque M. le directeur général, dans son rapport du 17 mai 1845, au ministre des finances, n'évalue qu'à 4 stères en moyenne, pour toute la France, le produit annuel d'un hectare.

[2] Ce chiffre résulte des documents officiels publiés par l'administration du grand-duché, et traduits par l'auteur. Les produits intermédiaires provenant des coupes d'éclaircie y sont compris.

M. le ministre des finances, dans un résumé statistique des changements subis par le sol forestier de 1791 à 1844, résumé qui a été reproduit par M. le comte Beugnot dans son rapport à la chambre des pairs sur la loi du défrichement, estime la surface des parties déboisées ou défrichées dans cette période à 483,045 hectares aujourd'hui cultivés. Quoique sur beaucoup de points inconsidérément défrichés, et dont les produits couvrent à peine les frais de culture, il y aurait peut-être avantage à opérer le reboisement, nous ne ferons entrer ces 483,045 hectares pour rien dans l'évaluation des terrains à reboiser.

M. le directeur général des forêts porte [1] l'étendue de ces terrains à 1,268,167 hectares, situés en montagne, appartenant soit à l'État, soit aux communes et établissements publics, soit aux particuliers, et dont il considère le reboisement comme travail d'utilité publique. Il évalue la dépense à faire à 3,606,312 francs, soit environ 76 francs par hectare.

Mais d'après la statistique générale, publiée en 1837 par M. le ministre des travaux publics, de l'agriculture et du commerce [2], la surface de la France, qui est de 52,768,618 hectares, comprendrait 7,799,672 hectares de landes, pâtis et bruyères, soit environ un septième de la superficie totale.

En déduisant de ce chiffre 2,799,672 hectares pour les terrains tout à fait impropres à la culture, même forestière, et pour les pâtis communaux dont l'utilité serait reconnue, ce qui, pour chacune des 37,234 communes que renferme la France [3], donnerait 75 hectares 19 ares, en moyenne, par commune, il resterait encore 5,000,000 d'hectares d'un produit à peu près nul qui pourraient être, avec avantage, convertis successivement en forêts; et en opérant cette conversion annuellement sur 50,000 hectares, de manière à créer dans une période de 100 années une révolution complète de futaies, on arriverait au bout d'un siècle, d'après les bases que nous avons admises plus haut, à une production annuelle de 50,000,000 de stères.

Je ne pense pas que la dépense à faire puisse être évaluée à un chiffre aussi peu élevé qu'elle l'a été par M. le directeur général des forêts, tant à cause des frais que les semis et les plantations entraînent par eux-mêmes, qu'en raison des nombreuses chances de non-réussite que présenterait une opération de ce genre. En portant la dépense à 120 francs par hectare, au lieu de 76 francs, on trouverait que pour arriver à ce revenu annuel de 50,000,000 de stères, il faudrait dépenser pendant un siècle 6,000,000 de francs par an.

Ainsi, en résumé et sans introduction de méthodes nouvelles dans la

[1] Rapport au ministre des finances du 17 mai 1845.
[2] Tableau récapitulatif n° 25, pag. 108.
[3] Statistique générale, tableau 18, pag. 80.

culture des forêts, il serait possible d'augmenter d'ici à un siècle la production du bois en France :

1° Par un traitement mieux entendu des forêts existantes de. . . . . 45,410,000 st.
2° Par la création de 5,000,000 d'hectares de forêt nou·
velles de. . . . . 50,000,000 »
                                Soit ensemble [1] . . . . . . , . 95,410,000 st.

D'un autre côté, d'après les comptes rendus de l'administration des
mines, la consommation annuelle en combustibles minéraux en France,
qui était de 4 millions 1/2 de quintaux métriques en 1789, s'est élevée en
1844 à 55 millions de quintaux métriques. Cet accroissement de consommation a lieu d'après une progression tellement rapide, qu'il a été, de
1835 à 1840, de 2 millions en moyenne par année, et, de 1840 à 1844, de
3 millions. On peut donc évaluer la consommation actuelle à environ
60 millions de quintaux. En admettant, d'après les expériences faites par
l'administration des mines [2], que 180 kilog. de houille fournissent autant
de chaleur en moyenne que 1 stère de bois, ces 60 millions de quintaux
métriques auraient pour équivalent 33,333,333 stères de bois.

En outre, il résulte des comptes rendus de l'administration des mines
que la production de la tourbe a été, en 1843, de 1,401,000 stères. En
admettant ce chiffre comme exprimant approximativement la consommation actuelle, il sera représenté, d'après M. Péclet [3], par un nombre
égal de stères de bois.

En ajoutant ces   1,401,000 stères
aux. . . . . . . 33,333,333 id. représentant la consommation en

houille, on trouve 34,734,333 stères de bois pour l'expression de la

---

[1] En complétant les plantations le long des canaux, des routes et des chemins vici-
naux dont le développement total est de 846,249,160 mètres (*Statistique générale*,
tableau 5, pag. 33, et tableau n° 12, pag. 49), on aurait un nombre de 169,249,832
arbres placés à 10 mètres de distance. Ces arbres donneraient par an un produit de
3,500,000 stères au moins qui viendrait s'ajouter à celui des forêts, et qui pourrait rem-
placer en volume, sinon en nature, les bois annuellement importés en France sous forme
de bois de feu et de service, ou de charbon. En effet, cette importation s'est élevée,
en 1845, d'après les documents publiés par l'administration des douanes, à près de
1,500,000 stères, exportation déduite.

[2] Rapport du directeur général des forêts au ministre des finances du 17 mai 1845.
Dans ces expériences, l'administration des mines a admis que le poids moyen d'un
stère de bois est de 360 kilog. Je suis arrivé au même chiffre en prenant une moyenne
entre les nombres que j'ai trouvés par des expériences directes sur les différentes espèces de bois.

M. Péclet, *Traité de la Chaleur*, tom. 1er, pag. 102, admet le même rapport que
l'administration des mines entre le bois et la houille, c'est-à-dire qu'il considère
1 kilog. de bois comme l'équivalent de 1/2 kilog. de houille.

[3] *Traité de la Chaleur*, tom. 1er, pag. 83.

consommation actuelle en combustibles autres que le bois, soit environ le tiers de l'augmentation de production qui pourrait être obtenue, dans le cours d'un siècle, par une exploitation mieux entendue des forêts et par le reboisement des parties aujourd'hui dénudées.

Un pareil résultat nous semble de nature à dissiper en grande partie les inquiétudes que pourraient inspirer pour l'avenir un rapport récemment publié[1], dans lequel M. Adolphe Brongniart, après avoir signalé cette augmentation de la consommation en combustibles minéraux, continuellement ascendante en même temps que le développement de l'industrie et des grands travaux publics, en conclut que bien peu de terrains houillers pourront suffire à la consommation pendant plus d'un siècle, et que la durée maximum des couches les plus puissantes ne peut pas être évaluée à plus de deux ou trois siècles.

Sans vouloir entrer ici dans des calculs plus spécialement de la compétence des géologues ; sans chercher quelles seraient les économies qui pourraient être apportées dans l'emploi des combustibles afin d'en diminuer la consommation, ou quelles seraient les forces nouvelles dont l'application pratique pourrait concourir au même but, nous nous bornerons à répéter avec le savant auteur du rapport déjà cité : « que » nous voyons ainsi se rapprocher le terme fatal où ces dépôts im- » menses, légués au temps présent par les premières périodes de la » vie végétale à la surface du globe, et qu'on regardait encore, il y a » vingt ans, comme inépuisables, seront ou complétement exploités, ou » du moins soustraits à nos recherches, par suite de l'exploitation in- » considérée qui en aura été faite ou des difficultés inhérentes aux der- » niers temps de ces exploitations.

» Il faudra alors revenir à nos forêts, retrouver dans la végétation » actuelle, qui se renouvelle sans cesse, le combustible que nous avions » demandé, pendant deux ou trois siècles, à la végétation morte et en- » sevelie des premiers temps de notre globe.

» L'équilibre entre la richesse et la puissance industrielle des divers » peuples de l'Europe, rompu par l'inégale répartition de ces immenses » dépôts de combustible, pourra alors être rétabli ; les conditions de » production deviendront les mêmes ou plutôt elles seront à l'avantage » de la nation prévoyante qui aura préparé d'avance les moyens de rem- » placer ces combustibles minéraux, » surtout si cette nation possède, comme la France, une étendue de sol suffisante pour opérer ce remplacement sur une vaste échelle.

Dans les calculs précédents nous n'avons compté que sur une production moyenne de 10 stères par année et par hectare de forêt, afin d'éviter

---

[1] Bulletin de la Société d'Encouragement pour l'industrie nationale, du mois de décembre 1846, pag. 700.

toute exagération dans les résultats; et cependant nous avons vu que les futaies du pays de Baden produisent 11 stères 1/2. Aussi regardons-nous ce chiffre comme pouvant être facilement atteint et probablement même dépassé. En effet l'étude, au point de vue scientifique, de tous les phénomènes de la végétation forestière, sous l'influence des grands agents mis en œuvre par la nature, amènera nécessairement dans la sylviculture des améliorations successives, qui se résumeront en augmentations de produits. Ce n'est que par des études de ce genre sur l'action de l'air, de l'eau, de la lumière, du sol, etc., que l'on peut arriver à perfectionner les méthodes pratiques de culture déjà fort avancées dans certains pays.

J'ai déjà eu, dans un Mémoire précédent, l'occasion de faire remarquer combien il est important, pour activer la végétation des forêts, d'y faciliter la circulation de l'air, afin que par un renouvellement constant il présente toujours aux arbres une richesse aussi grande que possible en acide carbonique : c'est là un des grands avantages des éclaircies successives dans le traitement des forêts en futaie. Ces éclaircies donnent, en outre, des produits qu'il faut ajouter à ceux de la coupe définitive, pour avoir la production totale pendant le nombre d'années de végétation formant la révolution.

J'ai remarqué dans les tableaux d'accroissement des futaies du pays de Baden, que le volume du bois existant à un âge donné sur un hectare, est, dans de certaines limites, indépendant du nombre d'arbres qui se trouvent sur le terrain, et que souvent même ce volume est plus considérable pour un nombre d'arbres plus petit. J'ai réuni dans des tableaux, joints à ce Mémoire, quelques-uns des exemples qui ont donné lieu à cette observation. Ne faut-il pas en conclure, qu'en faisant des éclaircies plus fréquentes et convenablement appropriées à l'état du peuplement, on arriverait à augmenter les produits intermédiaires sans diminuer le volume de la forêt au bout de la révolution, puisque chacun des arbres laissés définitivement sur le sol aurait pu prendre individuellement un accroissement plus considérable. En tous cas il me paraît évident que la méthode habituellement suivie en France, où l'on attend longtemps avant de commencer les éclaircies, pour ne les renouveler ensuite qu'à des intervalles assez éloignés, est une des causes qui ont rendu jusqu'à présent le produit des futaies moins considérable qu'il n'aurait dû l'être.

L'eau, de même que l'air, a une influence bien marquée sur la végétation forestière, dont le développement est toujours en rapport avec l'humectation du sol. Il est donc très important de conserver dans les forêts un degré d'humidité convenable, et c'est encore là, comme je l'ai démontré dans un Mémoire précédent, un des avantages que présentent les futaies dont l'ombrage s'oppose à l'évaporation directe par l'action du soleil.

J'ai trouvé par des expériences nombreuses que le volume d'un sapin de 100 ans, qui dans les pentes sèches, arides et exposées au sud n'es en moyenne que de 1 st. 25, s'élève en moyenne à 3 st. dans les mêmes localités et à la même exposition lorsqu'un pli du terrain vient arrêter les eaux pluviales et faciliter leur infiltration dans le sol. Ce volume est de 4 st. 15 en moyenne, lorsque l'arrosement résulte du voisinage d'un ruisseau, au lieu d'être accidentel et dû seulement aux pluies. Il me paraît donc évident qu'en alliant à des éclaircies méthodiques un système d'irrigations bien entendu, on pourrait augmenter considérablement la production de certaines forêts, surtout dans les montagnes où la rapidité des pentes, l'exposition aux rayons du soleil, l'action des vents et celle des pluies sont des causes si fréquentes d'aridité. On arriverait ainsi à faire servir à la fertilisation ces mêmes eaux pluviales qui, dans l'état actuel des choses, ne produisent trop souvent d'autre effet que de raviner et d'appauvrir le sol.

Ce dernier, en même temps qu'il sert de support aux végétaux, est l'intermédiaire à travers lequel l'eau leur apporte les substances solubles nécessaires à leur développement, et dont elle s'est chargée soit dans l'atmosphère, soit dans l'intérieur de la terre, soit en traversant les couches supérieures du sol pour arriver aux racines. Aussi ces couches sont-elles en général d'autant plus fertiles qu'elles sont plus riches en matières organiques et salines. Le résultat naturel de la végétation des forêts semble lui-même fournir à cet égard une indication, dont un examen attentif permettra peut-être de tirer des inductions utiles pour la pratique. En effet, une partie assez considérable des matières minérales que les racines des arbres vont chercher à une certaine profondeur dans la terre, est incessamment ramenée à la surface par la chute des feuilles, et contribue ainsi à former, avec le tissu organique de celles-ci, les détritus qui rendent les sols forestiers, récemment défrichés, assez productifs pour pouvoir être cultivés pendant trois, quatre et même quelquefois sept ou huit ans sans qu'on y apporte d'engrais animaux.

J'ai remarqué un fait du même ordre dans les reboisements que j'ai eu à exécuter dans les Vosges; c'est que, lorsqu'avant de faire un semis on commence par brûler les bruyères, les jeunes arbres, semés ainsi dans une terre mélangée de cendres, croissent plus vite et sont plus forts que ceux qui l'ont été dans des terrains préparés simplement à la houe. Enfin, un habile forestier prussien, M. Biermans, a trouvé récemment que, lorsqu'en plantant de jeunes arbres on entoure leurs racines de cendres provenant de la combustion des gazons qui couvraient le sol, les plantations croissent avec beaucoup plus de vigueur.

Ne faut-il pas en conclure qu'une des conditions essentielles de toute végétation, est la présence dans le sol des matières salines que l'analyse retrouve dans les végétaux tout formés, et qu'il serait peut-être possible d'augmenter la production des forêts, dans les terrains qui contiennent peu de ces matières, en suppléant artificiellement à cette pauvreté par des procédés peu coûteux? Sans oser l'affirmer, nous croyons que des recherches de ce genre pourraient être d'une grande utilité pour la sylviculture.

Je n'ai pas cru devoir traiter en détail, dans ce Mémoire, des questions de pratique et d'exploitation forestière, me réservant d'en faire l'objet de recherches spéciales que j'aurai plus tard l'honneur de soumettre à l'Académie.

Je n'ai pas cru non plus devoir y parler de l'influence heureuse des reboisements sur le climat, et de leur avantage pour prévenir les crues d'eau subites et les inondations dans les bassins des grands fleuves, des plumes plus savantes que la mienne ayant déjà rendu ces vérités populaires.

En résumé, je crois pouvoir déduire des faits que j'y ai exposés, les conclusions suivantes :

1° La production forestière de la France pourrait être amenée, dans l'espace d'un siècle, à fournir, indépendamment de ce qu'elle donne aujourd'hui, environ trois fois l'équivalent de la consommation actuelle en combustibles minéraux ;

2° Cette production pourrait être rendue plus considérable encore, par toutes les améliorations qui restent à introduire dans la culture des forêts.

Tableau comparatif du nombre de pieds d'arbres et du volume du bois par hectare dans les futaies du pays de Baden.

ESSENCE.	DEGRÉ de fertilité.	NATURE du terrain.	AGE du bois. ANNÉES.	NOMBRE de pieds d'arbres par hectare.	HAUTEUR des arbres en mètres.	VOLUME par hectare. EN MÈTRES CUBES.	ACCROISSEMENT moyen annuel. EN MÈTRES CUBES.	OBSERVATIONS[1].
Chêne.	Très-bon	Cailloux roulés.	33	1394	16,50	256,780	7,781	Exposition O.
	»	id.	33	1888	16,50	254,979	7,726	Id. S. O.
	Bon.	Vieux calcaire jurass.	82	497	22,20	493,980	6,024	Plateau incliné au N. E.
	»	id.	81	1422	18,00	473,726	5,848	Exposition N. E. pente forte.
	Bon.	Grès bigarré.	34	3363	11,70	130,678	3,843	Id. S. E. pente 15 à 18°.
	»	Grès rouge.	31	4049	9,60	102,247	3,298	Id. N. pente roide.
	»	Granit.	40	1697	13,20	180,714	4,518	Sol sablonneux, contenant du lhem, couvert de feuilles; exposition N. E. pente douce.
	»	Grès rouge.	40	2072	13,20	190,240	4,756	Lhem avec des parties calcaires, assez profond, peu d'humus, exposition N. E. pente 25°.
	»	Gneiss.	70	542	22,50	403,136	5,759	Plateau; lhem sablonneux contenant de l'humus.
	»	Vieux calcaire jurass.	68	1600	21,60	387,307	5,695	Exposition au N. O. Lhem sablonneux avec mélange de calcaire.
	»	Grès bigarré.	95	436	30,00	598,927	6,304	Exposition N. E. Lhem sablonneux avec mélange de calcaire.
	»	Molasse.	97	780	25,80	579,798	5,977	
Hêtre.	»	Nouv. calcaire jurass.	97	1077	26,40	544,016	5,608	Sol sablonneux, profond, contenant du lhem et beaucoup d'humus, S. E. pente douce.
Montagnes moyennes.	»	Grès bigarré.	110	483	27,60	617,831	5,616	Sol calcaire contenant de l'argile et de l'humus, profond, plateau.
	»	Nouv. calcaire jurass.	120	850	27,60	683,545	5,696	Sol calcaire contenant de l'argile, peu profond, mais avec de l'humus, plateau.
	»	id.	115	1202	25,50	602,828	5,242	

							Observations.
	Passable.	Cailloux roulés.	51	1388	16,20	190,015	3,726	Sol sablonneux et lhem, peu d'humus, plateau.
	»	Grès rouge.	51	2483	15,00	209,220	4,102	Sable rouge et humus, exposition E. pente faible.
	»	Cailloux roulés.	54	1244	15,60	195,642	3,623	
	»	id.	53	1535	15,00	178,013	3,358	
	Très-bon	Nouv. calcaire jurass.	100	780	23,40	619,782	6,198	Lhem profond, beaucoup d'humus.
	»	id.	100	869	22,50	547,842	5,478	Lhem calcaire, peu profond, beaucoup d'humus.
	»	Terrain de transition.	100	1172	21,00	568,171	5,682	Lhem sablonneux, profond, frais, peu d'humus.
	Passable.	Granit.	45	7087	9,60	165,935	3,687	Exposition S. pente roide jusqu'à l'escarpement.
HÊTRE.	»	Gneiss.	45	10097	8,40	170,511	3,788	Id. S. O. pente douce.
Hautes montagnes.	»	id.	90	850	19,50	356,026	3,956	Id. O.
	»	id.	90	1125	16,50	270,208	3,002	Atteint souvent par les gelées tardives ; exposition E. et S. E.
	»	id.	95	805	21,00	360,827	3,798	Exposition N.
	»	id.	95	1022	18,00	326,695	3,439	Id. N. O. exposé aux gelées tardives.
	»	Terrain de transition.	100	725	18,00	376,430	3,764	Id. N. pente douce non abritée.
	»	Gneiss.	100	1176	18,00	338,022	3,380	Id. N. E. pente forte.

¹ Tous ces exemples sont extraits de l'ouvrage sur les futaies du pays de Baden, dans lequel toutes les circonstances relatives à la nature du sol sous le point de vue physique, à l'exposition, à l'état du bois, sont indiquées. On n'a compris dans la colonne, OBSERVATIONS, que celle de ces circonstances d'où pourraient résulter des différences entre les exemples comparés.

ESSENCE.	DEGRÉ de fertilité.	NATURE du terrain.	AGE du bois. ANNÉES.	NOMBRE de pieds d'arbres par hectare.	HAUTEUR des arbres en mètres.	VOLUME par hectare. EN MÈTRES CUBES.	ACCROISSEMENT moyen annuel.	OBSERVATIONS.
Sapin.	Très-bon	Granit.	65	955	24,60	661,566	10,178	Exposition N. et N. E., dessinant un petit bassin, le sol est plus frais que dans les exemples ci-dessous.
	»	Gneiss.	63	1111	23,40	619,782	9,838	Plateau.
	»	id.	60	1583	22,20	580,174	9,669	Exposition S. O. pente douce non abritée.
	»	Grès bigarré.	80	1188	25,80	950,174	11,885	Plateau abrité, le sol est plus frais que dans l'ex. ci-dessous.
	»	Gneiss.	80	1346	25,80	832,302	10,403	Id. S. O. pente assez abritée.
	»	Muschelkalk.	140	436	35,40	1567,159	11,195	Exposition E. sol plus riche en humus que ci-dessous.
	»	Grès bigarré.	140	658	31,50	1375,793	9,827	Id. N.
	»	Muschelkalk.	180	322	34,50	1230,112	6,834	
	»	id.	180	347	34,50	1216,534	6,758	
	Bon.	Granit.	55	927	18,00	418,439	7,608	Id. N. pente 10 à 15°.
	»	id.	55	1100	18,00	406,512	7,391	Id. N. O. pente assez forte.
	»	id.	55	1108	16,50	388,283	7,059	Id. E. pente 15 à 20°.
	»	id.	55	1180	16,80	385,882	7,016	Id. N. pente assez rapide.
	»	Gneiss.	95	797	27,00	734,481	7,731	
	»	id.	95	991	27,00	726,605	7,648	
	»	Grès bigarré.	120	567	30,00	952,628	7,936	
	»	id.	120	600	30,60	952,403	7,936	
	Passable.	Gneiss.	80	789	20,40	532,238	6,653	Exposition N. E. pente douce.
	»	Granit.	79	1088	18,90	529,613	6,704	Id. N. O. pente 10°.
	Très-bon	Porphyre.	40	2194	16,50	505,082	12,627	Sous-sol formé de roches fortement décomposées, profond, contenant de l'humus et un peu humide; exposition N. E. bassin en pente douce.
	»	Grès bigarré.	42	2480	17,70	516,335	12,293	Sable contenant du lhem, profond, avec une forte couche d'humus et un sous-sol argileux; plateau, et complètement ouvert à l'E.

								Description
»	Gneiss.	.	55	1372	27,00	753,310	13,696	Sol profond, lhem contenant de l'humus avec un fort mélange de sable ; plateau un tant soit peu incliné au S. O. non abrité.
»	Molasse.	.	55	1702	25,20	758,411	13,789	Lhem profond, meuble, mélangé de calcaire, contenant de l'humus, un peu humide ; exposition O. pente douce.
»	Muschelkalk.	.	90	908	30,60	1037,696	11,530	Lhem mêlé de calcaire, profond et contenant beaucoup d'humus ; exposition N.
»	Grès bigarré.	.	90	1172	27,00	1064,477	11,827	
»	Muschelkalk.	.	110	544	34,20	1343,686	12,215	
»	Grès bigarré.	.	115	708	33,90	1245,040	10,826	Argile sablonneuse, profonde et contenant beaucoup d'humus ; exposition E.
Bon.	Molasse.	.	63	1511	21,60	549,417	8,721	Profond, lhem contenant du calcaire, recouvert d'une légère couche d'humus, plateau abrité.
»	Granit.	.	65	1833	22,50	549,341	8,451	Assez profond, fragments granitiques contenant de l'humus ; exposition N. E. pente 15°, non abritée.
»	Molasse.	.	85	714	29,40	876,787	10,315	Lhem contenant du calcaire, très-profond et recouvert d'une légère couche d'humus ; plateau abrité.
»	id.	.	85	755	31,50	860,884	10,128	Lhem contenant du calcaire très-profond et recouvert d'une légère couche d'humus ; exposition O. pente douce au pied d'une colline.
»	Gneiss.	.	85	1072	24,90	825,401	9,710	Lhem contenant un peu d'humus et recouvert de mousse ; exposition S. pente forte, abritée.
»	Granit.	.	95	647	32,40	934,024	9,832	Profond, assez d'humus, exposition N. O.
»	Grès bigarré.	.	95	939	27,00	903,342	9,509	Peu profond et couvert de pierres, assez d'humus ; exposition E.
»	Granit.	.	105	663	31,50	1101,310	10,488	Sol de lhem, profond, contenant assez d'humus.
»	Grès bigarré.	.	105	883	30,30	831,777	7,921	Sol argileux, mêlé de sable, peu profond et humide.
Passable.	id.	.	55	1127	16,20	348,149	6,330	Sol sablonneux, peu profond et couvert de mousse ; exposition N. pente assez forte, abritée.
»	Granit.	.	50	2924	15,30	318,293	6,366	Fragments granitiques, assez profond, contenant un peu d'humus ; exposition N. pente 16°, non abritée.
»	Grès bigarré.	.	110	889	27,00	841,754	7,652	Exposition N. E. pente douce.
»	id.	.	110	1189	25,80	726,305	6,602	Id. N. O. pente assez roide.

Éricéa.

ESSENCE.	DEGRÉ de fertilité.	NATURE du terrain.	AGE du bois. ANNÉES.	NOMBRE de pieds d'arbres par hectare.	HAUTEUR des arbres en mètres.	VOLUME par hectare. EN MÈTRES CUBES.	ACCROISSEMENT moyen annuel. EN MÈTRES CUBES.	OBSERVATIONS.
	Très-bon	Cailloux roulés.	31	2588	15,00	276,734	8,927	Sol sablonneux contenant assez d'humus.
	»	id.	30	4027	13,50	280,635	9,354	Sol mélangé d'un peu d'argile, profond, et contenant un peu d'humus.
	»	Granit.	35	1422	18,00	393,309	11,237	Fragments granitiques riches en feldspath, profond et contenant de l'humus; exposition S. E.
	»	Cailloux roulés.	36	1694	16,50	365,328	10,168	Sol sablonneux contenant du lien, profond, avec une légère couche d'humus, et couvert de mousse; plaine du Rhin.
	»	Muschelkalk.	36	1886	16,50	345,448	9,595	Sol argileux contenant du calcaire, profond, frais, et contenant de l'humus; exposition E.
	Bon.	Cailloux roulés.	30	1461	14,70	232,249	7,741	
	»	id.	32	2422	12,00	240,801	7,525	
	»	id.	40	1347	17,40	324,444	8,111	
	»	id.	40	1733	16,50	311,691	7,792	
	»	id.	40	2052	15,90	313,717	7,843	
	»	id.	40	2127	15,60	335,622	8,390	
	Passable.	id.	25	2804	7,20	150,332	6,013	Sable maigre, profond, sans humus.
	»	id.	26	4257	10,50	174,862	6,725	Sable argileux, profond, un peu d'humus.
	»	id.	26	7406	9,00	166,461	6,402	Sol sablonneux, peu profond, un peu d'humus.

							Observations
Pin.	id.	65	675	23,10	460,448	7,083	Lhem très-profond, frais et liant; Exposition S. O. pente douce.
	id.	63	980	22,50	427,216	6,781	Sable sec, un peu d'argile et d'humus; plaine du Rhin.
	id.	73	503	27,00	527,287	7,223	Sable argileux, assez profond, un peu d'humus; plaine du Rhin.
	id.	73	605	24,00	526,612	7,214	
» »	Grès bigarré.	85	519	26,70	612,881	7,210	Sable avec un peu d'argile et des parties ferrugineuses, sans humus.
» »	Cailloux roulés.	85	633	28,20	602,378	7,087	Sable mouvant sur un lit de terre glaise, couvert de mousse et de feuilles.
	id.	86	791	25,20	586,250	6,870	
Médiocre	id.	21	6082	7,50	119,125	5,672	Sable maigre, profond, la couche d'humus est faible.
»	id.	24	9028	7,80	138,179	5,757	
» »	id.	25	10869	6,90	126,777	5,071	Sable argileux, assez profond, mais sec.
» »	id.	35	4360	12,00	216,796	6,194	Sable mouvant sur de la glaise.
» »	id.	35	4615	11,40	209,270	5,982	Sable mouvant pur contenant peu d'humus.
» »	id.	35	5087	11,70	209,220	5,977	Sable mouvant sur un lit de glaise.
» »	id.	43	1905	14,70	271,408	6,311	
» »	id.	39	4421	12,30	248,378	6,368	
Mauvais.	id.	40	2783	11,70	220,547	5,513	
» »	id.	37	7306	9,60	169,836	4,590	
» »	id.	82	814	18,90	336,222	4,100	
» »	id.	78	922	14,40	285,736	3,663	

Imprimerie de BEAU, à Saint-Germain-en-Laye, 61, rue au Pain.